RUDOLF JULIUS EMMANUEL CLAUSIUS

DIE

POTENTIALFUNCTION

UND DAS

POTENTIAL

EIN

BEITRAG ZUR MATHEMATISCHEN PHYSIK

Elibron Classics

www.elibron.com

Elibron Classics series.

ISBN 1-4212-4706-2 (paperback)
ISBN 1-4212-4705-4 (hardcover)

This Elibron Classics Replica Edition is an unabridged facsimile of the edition published in 1867 by Johann Ambrosius Barth, Leipzig.

DIE

POTENTIALFUNCTION

UND DAS

POTENTIAL.

EIN

BEITRAG ZUR MATHEMATISCHEN PHYSIK

VON

R. CLAUSIUS.

ZWEITE VERMEHRTE AUFLAGE.

LEIPZIG, 1867.

VERLAG VON JOHANN AMBROSIUS BARTH.

DIE POTENTIALFUNCTION UND DAS POTENTIAL.

EIN BEITRAG ZUR MATHEMATISCHEN PHYSIK

VON

R. CLAUSIUS.

ZWEITE VERMEHRTE AUFLAGE.

LEIPZIG, 1867.

VERLAG VON JOHANN AMBROSIUS BARTH.

VORWORT.

Im Vorworte zur ersten im Jahre 1859 erschienenen Auflage dieser Schrift habe ich die Gründe, welche mir die Ausarbeitung und Veröffentlichung derselben nützlich erscheinen liessen, auseinandergesetzt; ich glaube aber, dass es überflüssig sein würde, diese Gründe auch hier zu wiederholen, da schon der Umstand, dass eine zweite Auflage nöthig geworden ist, genügend erkennen lässt, dass die Schrift einem vorhandenen Bedürfnisse entspricht. Ich will mich daher damit begnügen, einiges über ihren Inhalt und über die Veränderungen, welche sie in der neuen Auflage erfahren hat, zu sagen.

Sie ist dazu bestimmt, den Leser auf möglichst einfache Art mit der Potentialfunction, deren Eigenschaften vorzugsweise von Green [1]) und Gauss [2]) festgestellt sind, vertraut zu machen, und giebt daher eine von den Grundgleichungen der Mechanik ausgehende, zusammenhängende Auseinandersetzung von der Bedeutung dieser Function, von den Bedingungen, unter denen sie anwendbar ist, und von den wichtigsten über ihr Verhalten geltenden Sätzen. Daran schliesst sich zugleich die Behandlung einer anderen Grösse an, welche von Green gar nicht und von Gauss nur gelegentlich und unvollständig besprochen ist, nämlich des aus der Potentialfunction durch Integration hervorgehenden Potentials, welches als Ausdruck der von Naturkräften gethanen mechanischen Arbeit in der mathematischen Physik eine grosse Rolle spielt.

---

1) An Essay on the Application of mathematical Analysis to the theories of Electricity and Magnetism; by George Green. Nottingham 1828. — Wieder abgedruckt in Crelle's Journ. Bd. 44 und 47.

2) Allgemeine Lehrsätze in Beziehung auf die im verkehrten Verhältnisse des Quadrats der Entfernung wirkenden Anziehungs- und Abstossungskräfte. Resultate aus den Beobachtungen des magnetischen Vereins im Jahre 1839.

Während in letzterer Beziehung die Schrift über die betreffenden Auseinandersetzungen von Green und Gauss hinausgeht, schränkt sie sich dagegen in anderer Beziehung mehr ein. Gauss hat nach der Erörterung der Grundprincipien noch eine Reihe von weiteren Sätzen über die nach dem umgekehrten Quadrate der Entfernung wirkenden Kräfte abgeleitet, und Green hat seinen nur kurzen allgemeinen Betrachtungen sofort specielle Anwendungen auf Electricität und Magnetismus hinzugefügt. Diese Erweiterungen waren für den Zweck, welchen ich mir vorgesteckt hatte, nicht nöthig, und ich bin daher, um die Grenzen der Schrift nicht zu weit auszudehnen, nicht darauf eingegangen.

Wie man aus dem Vorstehenden ersehen kann, sollen in dieser Schrift nicht neue Resultate über die Haupteigenschaften der Potentialfunction und des Potentials mitgetheilt werden, sondern es handelt sich vielmehr im Wesentlichen nur um die Auseinandersetzung einer schon bestehenden Theorie; indessen wird man im Einzelnen, und namentlich in der Art der Darstellung und Beweisführung doch manches Neue finden.

Was nun die in der zweiten Auflage angebrachten ziemlich zahlreichen Veränderungen anbetrifft, so bestehen sie grösstentheils in Vervollständigungen. Diese haben aber nicht sowohl den Zweck, das Gebiet des behandelten Gegenstandes zu erweitern, als vielmehr den, durch ausführlichere Behandlung und durch Beleuchtung von verschiedenen Seiten das Gegebene noch klarer und anschaulicher zu machen. Dadurch hat die Schrift, welche ursprünglich einigermaassen einer mathematischen Abhandlung glich, mehr die Form eines Lehrbuches erhalten, was, wie ich hoffe, zur Vermehrung ihrer Brauchbarkeit beitragen wird.

Zürich, October 1866.

R. Clausius.

INHALT.

I. Die Potentialfunction.

II. Das Potential.

DIE

POTENTIALFUNCTION

UND DAS

POTENTIAL.

I. Die Potentialfunction.

§ 1.

Ausgangspunct der Betrachtungen.

Um die Bedeutung der Potentialfunction und den Grund ihrer Einführung in die Mechanik und mathematische Physik klar zu erkennen, wird es zweckmässig sein, ein Wenig zurückzugreifen und zuerst eine allgemeine Function zu betrachten, welche dazu dient, bei einer grossen Klasse von mechanischen Kräften die zu ihrer Bestimmung nothwendigen Grössen auf eine einfache Weise darzustellen. Dann werden wir durch weitere Specialisirung der Kräfte auf naturgemässem Wege von selbst zu dem Begriffe der Potentialfunction gelangen.

§ 2.

Bedingungen, welche als erfüllt vorausgesetzt werden sollen.

Es sei ein beweglicher Punkt p im Raume mit den Coordinaten x, y und z gegeben, auf welchen beliebige Kräfte wirken, die wir uns in eine Gesammtkraft P zusammengesetzt denken wollen. Diese Kraft wird, abgesehen davon, dass sie an einer bestimmten Stelle des Raumes mit der Zeit veränderlich sein kann, auch für eine bestimmte Zeit im Allgemeinen an verschiedenen Stellen des Raumes verschieden sein. Um sie zu einer bestimmten Zeit für alle Stellen des Raumes vollständig zu bestimmen, müssen drei Functionen der Raumcoordinaten gegeben sein, eine für die Grösse der Kraft und zwei für ihre Richtung. Denken wir uns die Gesammtkraft P in drei nach den Coordinatenrichtungen wirkende Componenten X, Y und Z zerlegt, so können wir auch sagen: zur vollständigen Bestimmung der Kraft müssen die drei Componenten als Functionen der Raumcoordinaten bekannt sein.

Diese drei Functionen können, wenn man nur von Kräften im Allgemeinen spricht, als ganz von einander unabhängig angesehen werden, indem sich aus jeden drei Componenten eine Kraft zusammensetzen lässt. Betrachtet man aber die in der Wirklichkeit vorkommenden Kräfte, so findet man, dass deren Componenten sehr häufig in einer eigenthümlichen Beziehung zu einander stehen, indem sie nämlich durch die drei Differentialcoefficienten einer und derselben Function der drei Raumcoordinaten dargestellt werden. Man kann also in solchen Fällen, wenn U diese Function bedeutet, schreiben:

$$X = \frac{dU}{dx}; \quad Y = \frac{dU}{dy}; \quad Z = \frac{dU}{dz}. \tag{1}$$

Damit dieses möglich sei, müssen bekanntlich die Functionen X, Y und Z folgende Bedingungsgleichungen erfüllen:

$$\frac{dX}{dy} = \frac{dY}{dx}; \quad \frac{dY}{dz} = \frac{dZ}{dy}; \quad \frac{dZ}{dx} = \frac{dX}{dz}. \tag{2}$$

Demnach bilden die Functionen dieser Art unter allen mathematisch möglichen Functionen nur einen sehr speciellen Fall. Dessenungeachtet ist dieser Fall bei der Betrachtung der Naturerscheinungen von der grössten Wichtigkeit, weil er, wie wir weiter unten sehen werden, eine Art von Kräften umfasst, welche schon bisher eine sehr bedeutende Rolle in der Physik spielten, und wahrscheinlich noch eine viel allgemeinere Bedeutung haben, als früher angenommen wurde.

§ 3.

Einfache Bestimmung der auf die Kraft bezüglichen Grössen durch die Function U.

Wenn diese Beziehung zwischen den Componenten der Kraft stattfindet, so wird dadurch die Betrachtung der Kraft und ihrer Wirkungen ausserordentlich erleichtert. Während man sonst drei einzeln gegebene Functionen in Rechnung zu bringen hat, hat man es jetzt nur mit e i n e r Function zu thun, aus welcher alle auf die Kraft bezüglichen Grössen auf einfache Weise abgeleitet werden können.

Wie man leicht sieht, wird unter Voraussetzung der Gleichungen (1) die ganze auf den Punkt p wirkende Kraft P dargestellt durch:

$$P = \sqrt{\left(\frac{dU}{dx}\right)^2 + \left(\frac{dU}{dy}\right)^2 + \left(\frac{dU}{dz}\right)^2}, \tag{3}$$

und die Winkel, welche diese Kraft mit den Coordinatenrichtungen bildet, und deren Cosinus a, b und c heissen mögen, werden bestimmt durch die Gleichungen:

$$a = \frac{\frac{dU}{dx}}{P}; \quad b = \frac{\frac{dU}{dy}}{P}; \quad c = \frac{\frac{dU}{dz}}{P}. \qquad (4)$$

Will man ferner von der Kraft P die in irgend eine vorgeschriebene Richtung s fallende Componente S haben, so lässt sich diese ebenfalls sehr einfach ausdrücken. Sei nämlich φ der Winkel, welchen die Richtung s mit der Richtung der Kraft bildet, so ist:

$$S = P \cos \varphi,$$

wofür man, wenn α, β und γ die Cosinus der Winkel sind, welche die Richtung s mit den Coordinatenrichtungen bildet, schreiben kann:

$$S = P(a\alpha + b\beta + c\gamma).$$

Die drei Cosinus a, b und c sind schon durch die Gleichungen (4) bestimmt, und die drei anderen Cosinus lassen sich ebenfalls leicht ausdrücken. Bezeichnen nämlich in den Differentialcoefficienten $\frac{dx}{ds}$, $\frac{dy}{ds}$ und $\frac{dz}{ds}$ die Zähler die Veränderungen, welche die Coordinaten des Punktes p dadurch erleiden, dass dieser in der Richtung s um das Stück ds verschoben wird, so ist

$$\alpha = \frac{dx}{ds}; \quad \beta = \frac{dy}{ds}; \quad \gamma = \frac{dz}{ds}. \qquad (5)$$

Durch Einsetzung dieser Werthe der sechs Cosinus geht die vorige Gleichung über in:

$$S = \frac{dU}{dx} \cdot \frac{dx}{ds} + \frac{dU}{dy} \cdot \frac{dy}{ds} + \frac{dU}{dz} \cdot \frac{dz}{ds},$$

und in dieser Gleichung lässt sich die ganze rechte Seite durch den einfachen Differentialcoefficienten $\frac{dU}{ds}$ ersetzen, worin der Zähler dU die Veränderung bedeutet, welche U dadurch erleidet, dass der Punct p in der Richtung s um ds verschoben wird. Man erhält also:

$$S = \frac{dU}{ds} \qquad (6)$$

d. h. es gilt für die beliebige Richtung s eine ebensolche Gleichung wie diejenigen, welche unter (1) für die drei Coordinatenrichtungen angenommen wurden.

§ 4.

Geometrische Darstellung mit Hülfe der Niveauflächen. Die Function U Kraftfunction genannt.

Die Function U kann ferner dazu dienen, die Richtung und Grösse der Kraft an verschiedenen Stellen des Raumes geometrisch anschaulich darzustellen.

Schreiben wir:

$$U = A\,, \tag{7}$$

worin A irgend eine Constante bedeutet, so ist dieses die Gleichung einer Fläche. Durch Differentiation dieser Gleichung kommt:

$$\frac{dU}{dx}dx + \frac{dU}{dy}dy + \frac{dU}{dz}dz = 0\,.$$

Hierin sind dx, dy und dz die Componenten einer kleinen Verschiebung ds, welche der Punkt p, wenn er gezwungen ist, in jener Fläche zu bleiben, in derselben erleiden kann. Dividiren wir diese Gleichung durch P und ds, so kommt:

$$\frac{\frac{dU}{dx}}{P}\cdot\frac{dx}{ds} + \frac{\frac{dU}{dy}}{P}\cdot\frac{dy}{ds} + \frac{\frac{dU}{dz}}{P}\cdot\frac{dz}{ds} = 0\,. \tag{8}$$

Die beiden Factoren jedes der drei Glieder, aus welchen hier die linke Seite besteht, stellen nach den Gleichungen (4) und (5) die Cosinus der Winkel dar, welche die Kraft P und die Verschiebung ds mit einer der Coordinatenrichtungen bilden. Demnach bedeutet die ganze linke Seite den Cosinus des Winkels zwischen der Kraft und der Verschiebung, und da dieser Cosinus der Gleichung zufolge Null ist, so ist der Winkel ein rechter.

Dasselbe gilt für jede Verschiebung, welche der Punct p von seiner Anfangslage aus innerhalb der Fläche erleiden kann, und es folgt daraus, dass die an dieser Stelle wirkende Kraft auf der Fläche senkrecht ist; und ebenso verhält es sich natürlich auch an allen anderen Stellen der Fläche. Demnach hat die durch Gleichung (7) dargestellte Fläche die Eigenschaft, dass sie für alle in ihr gelegenen Puncte durch ihre Normalen die Richtungen der Kraft anzeigt. Sie spielt also in Bezug auf die betrachtete Kraft dieselbe Rolle, wie die Oberfläche einer ruhenden Flüssigkeit in Bezug auf die Schwerkraft, und man nennt sie daher eine Niveaufläche.

Fügt man zu der Constanten A noch eine unendlich kleine constante Grösse α hinzu, so stellt die dadurch entstehende neue Gleichung

$$U = A + \alpha$$

eine zweite Fläche dar, welche der ersten im Allgemeinen unendlich nahe liegt, und dieselben Eigenschaften hat, wie jene. Bezeichnen wir den senkrechten Abstand dieser beiden Flächen von einander an irgend einer Stelle mit ε, so ist der Bruch $\frac{\alpha}{\varepsilon}$ offenbar nichts Anderes als der Differentialcoefficient $\frac{dU}{dn}$, wenn n die an der betrachteten Stelle auf der ersten Fläche nach der zweiten hin errichtete Normale bedeutet. Dieser Differentialcoefficient stellt die in die Richtung der Normale fallende Componente der Kraft dar, und da dem Vorigen nach die ganze Kraft auf der Fläche senkrecht ist, so stellt der Differentialcoefficient, abgesehen vom Vorzeichen, die an dieser Stelle wirkende ganze Kraft dar. Ob das Vorzeichen des Differentialcoefficienten positiv oder negativ ist, d. h. ob die Kraft von der ersten zur zweiten Fläche geht, oder umgekehrt, hängt davon ab, ob für α eine positive oder negative Grösse gewählt ist. Setzen wir das Erstere voraus, so können wir schreiben:

$$P = \frac{\alpha}{\varepsilon}. \tag{9}$$

In diesem Bruche ist nur ε von der Lage des betrachteten Punctes in der Fläche abhängig, während α constant ist, und es folgt daher, dass die Kraft an den verschiedenen Stellen der ersten Fläche dem Abstande der zweiten Fläche umgekehrt proportional ist.

Zugleich sieht man, dass, wenn die Kraft in der Fläche überall endlich ist, die beiden Flächen sich nicht schneiden können, weil für die Durchschnittslinie $\varepsilon = 0$ und somit P unendlich werden müsste.

Denkt man sich nun ein ganzes System solcher Flächen construirt, von denen jede sich von der vorhergehenden nur dadurch unterscheidet, dass die Constante um einen, in allen Fällen gleichen, unendlich kleinen Werth vergrössert ist, so lassen diese Flächen an jeder Stelle des Raumes durch ihre Richtung und ihren gegenseitigen Abstand die Richtung und Grösse der Kraft erkennen.

Die Function U, welche dem Vorigen nach alle Elemente zur Bestimmung der Kraft auf eine so einfache Weise liefert, möge nach Hamilton die Kraftfunction (*force function*) genannt werden.

§ 5.

Hauptfall, in welchem eine Kraftfunction existirt.

Unter den Fällen, in welchen eine Kraftfunction existirt, ist der wichtigste der, wo die Kraft, welche auf den gegebenen Punct wirkt, sich zerlegen lässt in Centralkräfte, d. h. in anziehende oder abstossende Kräfte, welche von bestimmten Puncten des Raumes ausgehen, und um diese herum nach allen Seiten gleich stark wirken, so dass ihre Stärke nur von der Entfernung abhängt.

Sei p' mit den Coordinaten x', y' und z' ein solcher Punct, und bezeichnen wir den Abstand zwischen p und p' mit r, indem wir setzen:

$$r = \sqrt{(x'-x)^2 + (y'-y)^2 + (z'-z)^2}, \tag{10}$$

so muss die Stärke der Kraft sich durch eine Function von r darstellen lassen, und sie sei mit $f(r)$ bezeichnet, wobei vorausgesetzt sein soll, dass ein positiver Werth dieser Function eine anziehende und ein negativer eine abstossende Kraft bedeute. Die Richtung der Kraft ist bestimmt durch die Lage der beiden Puncte zu einander, und zwar haben die Cosinus der Winkel, welche die positive Kraftrichtung mit den drei Coordinatenrichtungen bildet, folgende Werthe:

$$\frac{x'-x}{r}, \quad \frac{y'-y}{r}, \quad \frac{z'-z}{r}.$$

Hieraus ergeben sich sofort die in die drei Coordinatenrichtungen fallenden Componenten der Kraft. Beschränken wir uns zunächst auf die in die x-Richtung fallende Componente, so ist diese:

$$X = f(r)\frac{x'-x}{r}.$$

Nun ist aber nach (10):

$$\frac{dr}{dx} = -\frac{x'-x}{r},$$

und dadurch geht die vorige Gleichung über in:

$$X = -f(r)\frac{dr}{dx}.$$

Wir wollen nun eine neue Function von r einführen, welche das negative Integral der vorigen ist, indem wir setzen:

$$F(r) = -\int f(r)\,dr, \tag{11}$$

woraus folgt:
$$\frac{dF(r)}{dr} = -f(r)\,.$$

Dadurch, dass die Grösse r von den Coordinaten x, y, z des Punctes p abhängt, ist auch $F(r)$ mittelbar eine Function dieser drei Grössen, und wir können schreiben:
$$\frac{dF(r)}{dx} = \frac{dF(r)}{dr} \cdot \frac{dr}{dx} = -f(r)\frac{dr}{dx}\,.$$

Der letzte Ausdruck ist derselbe, welchen wir vorher für die Componente X gefunden haben. Dasselbe, was für diese Componente gilt, gilt natürlich auch für die beiden anderen, und wir erhalten somit die Gleichungen:
$$X = \frac{dF(r)}{dx}\,; \quad Y = \frac{dF(r)}{dy}\,; \quad Z = \frac{dF(r)}{dz}\,. \qquad (12)$$

Man sieht hieraus, das $F(r)$, als Function von x, y, z betrachtet, die Kraftfunction für den vorliegenden Fall ist.

Dieses Resultat lässt sich sogleich erweitern anf den Fall, wo gleichzeitig mehrere Puncte auf den gegebenen Punct p wirken. Sei p'_1 ein zweiter Punct, sein Abstand vom Puncte p heisse r_1 und die von ihm ausgehende Kraft werde ihrer Stärke nach durch die Function $f_1(r_1)$ ausgedrückt; so bilden wir zunächst die Function:
$$F_1(r_1) = -\int f_1(r_1)\,dr_1$$
und können dann die nach der x-Axe gehende Componente dieser Kraft durch $\frac{dF_1(r_1)}{dx}$ darstellen. Dasselbe gilt für einen dritten, vierten etc. Punct, und man erhält daher, wenn eine beliebige Anzahl von Puncten wirkt, für die nach der x-Axe gehende Componente der Gesammtkraft einen Ausdruck von folgender Form:
$$X = \frac{dF(r)}{dx} + \frac{dF_1(r_1)}{dx} + \frac{dF_2(r_2)}{dx} + \text{etc.}$$
$$= \frac{d}{dx}\left[F(r) + F_1(r_1) + F_2(r_2) + \text{etc.}\right]$$
oder wenn man die Summe von Functionen unter ein Summenzeichen zusammenfasst:
$$X = \frac{d}{dx}\,\Sigma F(r)\,.$$

Ganz entsprechende Ausdrücke gelten natürlich für die beiden anderen Componenten, wobei die Summe von Functionen für alle drei Fälle dieselbe bleibt. Von den in dieser Summe vorkommenden Grössen r, r_1, r_2 etc. enthält jede die Coordinaten eines der wirksamen Puncte, und ausserdem enthalten alle die Coordinaten x, y unb z des Punctes p, welcher die Wirkung erleidet. Wir können also, ebenso wie jede einzelne der Functionen, so auch ihre Summe als eine Function von x, y und z betrachten, und wollen zur Abkürzung setzen:

$$U = \Sigma F(r)\ . \tag{13}$$

Dann ist:

$$X = \frac{dU}{dx}\,; \quad Y = \frac{dU}{dy}\,; \quad Z = \frac{dU}{dz}\,, \tag{14}$$

und U ist somit die Kraftfunction.

§ 6.

Beschränkung auf solche Kräfte, welche dem Quadrate der Entfernung umgekehrt proportional sind, und Beziehung der Kräfte auf Agentien.

Wir wollen nun unsere Annahmen über die Kraft noch weiter specialisiren.

Die Anziehungs- und Abstossungskräfte, von welchen vorher nur vorausgesetzt wurde, dass sie sich durch irgend welche Functionen der Entfernungen darstellen lassen, sollen den Quadraten der Entfernungen umgekehrt proportional sein.

Ferner wollen wir nicht blos von Puncten sprechen, welche anziehend oder abstossend auf einander wirken. sondern annehmen dass sich in diesen Punken irgend etwas befinde, was die Wirkung ausübe und erleide. Es kann dieses z. B. ponderable Masse sein, welche nach dem gewöhnlichen Gravitationsgesetze anziehend wirkt, oder Electricität, oder Magnetismus. Da wir über die Natur der letzteren nichts Zuverlässiges wissen, und es ausserdem zweckmässig ist, der Darstellung eine solche Allgemeinheit zu geben, dass sie auch andere noch unbekannte Fälle umfassen kann, wollen wir die Benennung so wählen, dass nichts Hypothetisches darin liegt, sondern nur die Fähigkeit eine Wirkung auszuüben, darin angedeutet ist. Dazu scheint mir das auch sonst gebräuchliche Wort Agens sehr geeignet. Von einem Agens soll nur vorausgesetzt werden, dass es sich der Quantität nach bestimmen lasse, und dass die Kraft, welche eine gewisse Menge eines Agens ausübt, unter sonst gleichen Umständen der Menge proportional sei.

Soweit es bisjetzt bekannt ist, üben nur Agentien von gleicher Art eine solche Anziehung oder Abstossung, wie sie den obigen Gesetzen entspricht, auf einander aus. So wirkt ponderable Masse auf ponderable Masse, Electricität auf Electricität, Magnetismus auf Magnetismus, und in solchen Fällen, wo scheinbar ungleichartige Agentien in derselben Weise auf einander wirken, oder wo über den eigentlichen Ursprung der Kräfte Zweifel herrschen, bleibt, nach allem was bis jetzt bekannt ist, für die mathematische Behandlung der Sache wenigstens immer noch die Möglichkeit vorhanden, solche Annahmen über die wirksamen Agentien zu machen, dass man nur zwischen gleichartigen Agentien Kräfte der genannten Art als vorhanden zu betrachten braucht. Dessenungeachtet ist es nicht nothwendig, unsere Formeln von vorne herein auf gleichartige Agentien zu beschränken, denn diese Beschränkung kann sehr leicht nachträglich hinzugefügt werden.

Es seien also irgend zwei Mengen [1]) von aufeinander wirkenden Agentien gegeben, von denen vorläufig angenommen werden soll, dass sie in bestimmten Puncten p und p' concentrirt seien. Die im Puncte p befindliche Menge, nach irgend einer Einheit gemessen, heisse q, und die im Puncte p' befindliche Menge, welche, wenn sie demselben Agens angehört, natürlich auch nach derselben Einheit gemessen wird, im anderen Falle aber eine besondere Einheit hat, heisse q'. Die Kraft, welche diese beiden Mengen auf einander ausüben, lässt sich den gemachten Annahmen nach darstellen durch die Formel:

$$f(r) = e\,\frac{q.q'}{r^2}\,, \tag{15}$$

worin e eine Grösse ist, die von der Natur der Agentien, und von den gewählten Einheiten abhängt. Dadurch, dass dieser Coefficient positiv oder negativ sein kann, wird der Unterschied zwischen Anziehung und Abstossung ausgedrückt. Führt man diese Formel in die zur Bestimmung der Kraftfunction dienende Gleichung (11) ein, so kommt:

$$F(r) = -\int e\,\frac{q.q'}{r^2}\,dr = e\,\frac{q.q'}{r}\,. \tag{16}$$

---

1) Ich vermeide absichtlich das Wort **Masse**, weil man mit diesem Begriffe die Vorstellung des Beharrungsvermögens verbindet, und die Grösse des Beharrungsvermögens als Maass der Masse nimmt, während mit dem Begriffe eines wirksamen Agens das Beharrungsvermögen nicht nothwendig verbunden zu sein braucht, und in den Fällen, wo es vorhanden ist, die Einheit des Beharrungsvermögens eine andere sein kann, als diejenige, nach welcher man misst, wenn es sich um die Bestimmung der ausgeübten Kraft handelt.

Denken wir uns nun, dass auf die Menge q nicht blos Eine sondern mehrere Mengen q', q'_1, q'_2 etc. wirken, welche unter sich gleichartig oder ungleichartig sein können, so ist, wenn wir zunächst der Allgemeinheit wegen das Letztere voraussetzen, und daher die Coefficienten e als ungleich betrachten, die gesammte Kraftfunction:

$$U = q\left(e\frac{q'}{r} + e_1\frac{q'_1}{r_1} + e_2\frac{q'_2}{r_2} + \text{etc.}\right)$$
$$= q\sum e\frac{q'}{r}. \tag{17}$$

Sind dagegen die wirksamen Mengen unter sich gleichartig, so hat e für alle denselben Werth und kann daher aus dem Summenzeichen herausgenommen werden, also:

$$U = qe\sum\frac{q'}{r}. \tag{18}$$

Wenn das wirksame Agens nicht, wie bisher angenommen wurde, in einzelnen Puncten concentrirt ist, sondern einen Raum stetig ausfüllt, so denken wir es uns in Elemente dq' zertheilt, und beziehen den Abstand r auf jedes Element, oder, strenger ausgedrückt, auf irgend einen Punct jedes Elementes, wodurch die Summe in ein Integral übergeht, nämlich:

$$U = qe\int\frac{dq'}{r}. \tag{19}$$

Dass diese Umwandlung des vorigen Ausdrucks zulässig ist, ohne dass er dadurch seine Bedeutung als Kraftfunction verliert, ist unmittelbar klar, solange sich der Punct p ausserhalb des von dem wirksamen Agens ausgefüllten Raumes befindet, so dass für kein Element dq' der Abstand r gleich Null oder auch nur mit den Dimensionen des Elementes vergleichbar wird. In diesem Falle kann man sich nämlich jedes Element des Agens, welches ein Raumelement ausfüllt, in irgend einem Puncte dieses Raumelementes concentrirt denken, ohne dass dadurch die Wirkung, welche das Element auf das im Puncte p concentrirt gedachte Agens ausübt, merklich verändert wird. Für den anderen Fall, wo p sich innerhalb jenes Raumes befindet, soll die Gültigkeit des Ausdruckes (19) als Kraftfunction weiterhin noch besonders bewiesen werden, und wir wollen ihn vorläufig auch für diesen Fall als richtig gelten lassen.

Der Ausdruck (19) ist allgemeiner als der Ausdruck (18), und umfasst den letzteren, indem die Integration sich auch dann ausführen lässt, wenn endliche Mengen in einzelnen Puncten concentrirt sind.

§ 7.

Annahmen, unter denen die Kraftfunction zur Potentialfunction wird.

Fügen wir nun endlich zu den bisher gemachten Annahmen noch folgende zwei hinzu: 1) dass auch das im Puncte p befindliche Agens, welches die Wirkung erleidet, von derselben Art sei, wie das, welches die Wirkung ausübt, und 2) dass die Menge desselben nicht beliebig, sondern eine Einheit sei, so ist die so vereinfache Kraftfunction diejenige, welche wir Potentialfunction nennen. Bezeichnen wir diese zum Unterschiede mit V, und wählen wir für den im Vorigen mit e bezeichneten Coefficienten in diesem Falle den Buchstaben ε, so ist, jenachdem das wirksame Agens in einzelnen Puncten concentrirt oder stetig durch einen Raum verbreitet ist, zu setzen:

$$V = \varepsilon \sum \frac{q'}{r} \qquad \text{(I.)}$$

$$V = \varepsilon \int \frac{dq'}{r}. \qquad \text{(Ia.)}$$

Wir können demnach den Begriff der Potentialfunction folgendermaassen definiren. Die Kraftfunction eines Agens, welches nach dem umgekehrten Quadrate der Entfernung anziehend oder abstossend wirkt, bezogen auf eine in einem Puncte concentrirt gedachte Einheit desselben Agens, heisst Potentialfunction.

Hieraus folgt, dass die Differentialcoefficienten

$$\frac{dV}{dx}, \quad \frac{dV}{dy}, \quad \frac{dV}{dz}$$

die drei Componenten derjenigen Kraft darstellen, welche das Agens auf eine im Puncte x, y, z gedachte Einheit desselben Agens ausüben würde. Befindet sich in diesem Puncte wirklich die Menge q des Agens, so sind die Componenten der auf diese ausgeübte Kraft:

$$q\frac{dV}{dx}, \quad q\frac{dV}{dy}, \quad q\frac{dV}{dz}.$$

Man sieht, dass zwischen diesen drei Grössen und den vorigen der Unterschied stattfindet, welchen man bei ponderablen Massen mit den Worten beschleunigende und bewegende Kraft ausdrückt.

§ 8.

Messung der Agentien und Festsetzung des Coefficienten ε.

Um mit Hülfe der Gleichungen (I.) und (Ia.) die Potentialfunction für die verschiedenen Fälle, auf welche sie Anwendung findet, berechnen zu können, braucht nur noch angegeben zu werden, wie bei verschiedenen Agentien die Mengen gemessen werden müssen, und wie sich die Grösse ε dabei verhält.

Bei ponderablen Massen, welche sich nach dem Gravitationsgestze anziehen, ist ε positiv, und der numerische Werth von ε muss so gewählt werden, dass er die Anziehungskraft darstellt, welche zwei Masseneinheiten in der Einheit der Entfernung auf einander ausüben.

Bei der Electricität unterscheidet man bekanntlich zwei Arten, welche die Eigenschaft haben, dass Mengen derselben Art sich unter einander abstossen, dagegen Mengen verschiedener Art sich anziehen. Ob die beiden Electricitäten wirklich als zwei verschiedene für sich bestehende Agentien zu betrachten sind, oder ob die Erscheinungen sich auch aus dem Vorhandensein eines einzigen Agens erklären lassen, ist für unsere jetzigen Untersuchungen gleichgültig. In ihnen kommt es nur darauf an, die Electricität in solcher Weise in die Formeln einzuführen, dass dadurch die von ihr ausgeübten Kräfte richtig dargestellt werden. Die so gebildeten mathematischen Ausdrücke behalten ihre Gültigkeit, auch wenn man die Vorstellung über das Wesen der Electricität ändert. Um alle in der Electrostatik vorkommenden Kräfte, obwohl sie in manchen Fällen anziehend und in anderen abstossend sind, doch unter eine gemeinsame Formel zusammenfassen zu können, in welcher ε immer dasselbe Vorzeichen behält, hat man den Unterschied des Vorzeichens auf die Electricitätsmengen selbst übertragen, indem man die Mengen der einen Electricität als positive und die der anderen als negative Grössen in Rechnung bringt. Dann wird die Kraft, welche irgend zwei in zwei Puncten concentrirte Electricitätsmengen q und q' auf einander ausüben, durch die Formel:

$$\varepsilon \frac{q \cdot q'}{r^2}$$

dargestellt, worin ε eine unveränderliche Grösse ist, und zwar eine **negative** Grösse, weil in dem Falle, wo q und q' gleiche Vorzeichen haben, der ganze Ausdruck negativ werden muss, wie es der Abstossung entspricht.

Bei dieser Art die Mengen der beiden verschiedenen Electricitäten in Rechnung zu bringen, kann man die Electricität im Ganzen ein abstossendes Agens nennen, weil bei der Benennung das Verhalten positiver Mengen maassgebend ist, und die Aenderungen, welche die Kraft dadurch erleidet, dass eine oder beide Mengen negativ werden, sich von selbst verstehen. Will man für irgend welche, theils positive, theils negative Electricitätsmengen die Potentialfunction bestimmen, so kann man das in der Gleichung (Ia.) vorkommende Integral über alle gegebenen Electricitätsmengen ausdehnen, indem man die Elemente dq' je nach der Art der betreffenden Electricitätsmengen positiv oder negativ nimmt. Die so erhaltene Potentialfunction bezieht sich dann auf eine im Puncte p gedachte Einheit positiver Electricität.

Bei der Bestimmung magnetischer Kräfte kann man ebenfalls, ohne über die wirkliche Natur des Magnetismus irgend eine Annahme zu machen, Nordmagnetismus und Südmagnetismus als zwei Agentien betrachten, die sich in Bezug auf ihre gegenseitigen Einwirkungen wie die beiden Electricitäten verhalten. Wir bringen die Mengen des einen, z. B. des Nordmagnetismus, als positive und die des anderen als negative Grössen in Rechnung; dann behält ε einen unveränderlichen Werth, und die Potentialfunction, welche wir bekommen, bezieht sich auf eine im Puncte p gedachte Einheit von Nordmagnetismus.

Die Grösse ε ist in allen diesen Fällen, wie es für den Fall von ponderabler Masse schon gesagt ist, die Anziehungskraft, welche zwei Einheiten des betreffenden Agens in der Einheit der Entfernung auf einander ausüben, wobei eine Abstossungskraft als negitive Anziehungskraft gerechnet wird. Wenn bei einem Agens die Einheit, welche als Maass dient, nicht im Voraus gegeben ist, sondern willkürlich gewählt werden kann, so lässt sich dadurch noch eine Vereinfachung erreichen. Wählt man nämlich als Einheit des Agens diejenige Menge, welche auf eine gleich grosse Menge desselben Agens in der Einheit der Entfernung die Einheit der Kraft ausübt, so ist der absolute Werth von ε gleich Eins, und was das Vorzeichen antrifft, so ist bei ponderabler Masse zu setzen $\varepsilon = +1$, dagegen bei Electricität und Magnetismus $\varepsilon = -1$. Wir wollen indessen vorläufig über die Einheiten der Agentien keine bestimmten Annahmen machen, und daher das allgemeine Zeichen ε beibehalten.

§ 9.

Ueber den Namen Potentialfunction und das bei der Bestimmung dieser Function angewandte Vorzeichen.

Bevor wir zur weiteren Behandlung unserer Function schreiten, müssen noch erst ein Paar Bemerkungen über den Namen und das Vorzeichen derselben eingeschaltet werden.

Der Name Potentialfunction ist von Green eingeführt. Gauss, welcher später dieselbe Function ebenfalls einer speciellen Betrachtung unterwarf, nannte sie kürzer Potential. Ich habe aber die ältere Benennung, Potentialfunction, beibehalten, weil das Wort Potential noch für einen anderen Begriff gebraucht wird, der dem vorigen zwar verwandt aber nicht gleich ist. Ich glaube, dass diese Unterscheidung sich im zweiten Abschnitte dieser Schrift, welcher vom Potential handelt, hinlänglich rechtfertigen wird.

Was ferner das Vorzeichen der Potentialfunction anbetrifft, so macht Gauss bei der Bildung der letzeren zwischen anziehenden und abstossenden Agentien keinen Unterschied, indem er in seinen Ausdruck der Potentialfunction den Factor ε, welcher positiv oder negativ sein kann, und dadurch jene beiden Fälle unterscheidet, nicht aufgenommen hat. Dadurch wird es aber nothwendig, jene Unterscheidung an einer anderen Stelle, nämlich bei der Ableitung der Kraftcomponenten aus der Potentialfunction zu machen, indem man nicht ohne Weiteres die Differentialcoefficienten der Potentialfunction als Ausdrücke der Kraftcomponenten betrachten darf, sondern diese Differentialcoefficienten noch erst mit dem positiven oder negativen Vorzeichen versehen muss, jenachdem das wirksame Agens ein anziehendes oder abstossendes ist. Dieses scheint mir aber nicht zweckmässig zu sein. Da die eigentliche Bedeutung der Potentialfunction darin liegt, Alles, was zur Bestimmung der Kraft nöthig ist, auf eine einfache Weise darzustellen, und sie nur ein specieller Fall der allgemeineren Kraftfunction ist, so halte ich es für angemessener, den Unterschied, ob das wirksame Agens ein anziehendes oder abstossendes ist, schon bei der Bildung der Potentialfunction selbst zu berücksichtigen, so dass die Ableitung der Kraftcomponenten aus der Potentialfunction immer in einer und derselben Weise geschehen kann.

Wird dieses als zweckmässig zugestanden, so bleibt nur noch die Frage zu entscheiden, ob man es so einrichten soll, dass man, um die Componenten der Kraft, welche die im Puncte p gedachte positive Einheit des Agens erleidet, auszudrücken, nur die einfachen Differentialcoefficienten, ohne ein äusserlich hinzugefügtes Vorzeichen, anzuwenden braucht, oder so, dass man die Differentialcoefficienten zu diesem Zwecke erst mit dem negativen Vorzeichen versehen muss. Bei dieser Frage schien es mir nicht zweifelhaft zu sein, dass die erstere Bestimmungsart den Vorzug verdiene, und demgemäss ist im Obigen das Vorzeichen von ε gewählt worden, nämlich für anziehende Agentien das positive und für abstossende das negative.

Dabei konnte ich mir freilich nicht verhehlen, dass eine gewisse Unbequemlichkeit für die Anschauung darin liegt, dass bei der Electricität und dem Magnetismus für positive Mengen des wirksamen Agens die Potentialfunction negativ wird, und umgekehrt; indessen glaubte ich, dass man bei einer Function, welche eine so allgemeine Bedeutung hat, wie die Potentialfunction, mehr darauf achten muss, sie überall, wo sie Anwendung findet, nach denselben allgemeinen Principien zu behandeln, als darauf, sie für einzelne specielle Fälle bequem einzurichten.

§ 10.

Das Potentialniveau.

Was weiter oben in § 4 bei Betrachtung der Kraftfunction U über die Niveauflächen gesagt ist, gilt natürlich in gleicher Weise auch für die Potentialfunction V.

Die Gleichung

$$V = A\,, \tag{20}$$

worin A eine Constante bedeutet, ist die Gleichung einer Niveaufläche, und eine in irgend einem Puncte dieser Fläche gedachte positive Einheit des Agens erleidet eine Kraft, welche auf der Fläche senkrecht ist, und zwar ist die Kraft von der Fläche aus nach der Seite hin gerichtet, nach welcher die Potentialfunction wächst.

Denkt man sich eine unendliche Menge solcher Flächen construirt, deren Gleichungen sich nur dadurch von einander unterscheiden, dass die an der rechten Seite stehende Constante bei jeder folgenden um einen gewissen unendlich kleinen Werth grösser ist, als bei der vorhergehenden, dann lässt dieses System von Flächen an jeder Stelle des Raumes die Kraft, welche eine dort gedachte positive Einheit des Agens erleiden würde, nach Richtung und Grösse erkennen. Die Grösse der Kraft ist dem Abstande je zweier auf einander folgender Flächen umgekehrt proportional.

Man kann den Werth, welchen die Potentialfunction an irgend einer Stelle des Raumes hat, und durch welchen diejenige Niveaufläche, in der diese Stelle sich befindet, bestimmt wird, kurz das **Potentialniveau** dieser Stelle nennen.

An verschiedenen Stellen das Raumes sind die Potentialniveaux im Allgemeinen verschieden, und die Verschiedenheit kann sich nicht nur auf den absoluten Werth, sondern auch auf das Vorzeichen beziehen. Bei Agentien, welche nur anziehend wirken (wie die ponderable Masse), kommen nur positive Potentialniveaux vor. Bei solchen Agentien dagegen, welche theils anziehend, theils abstossend wirken (wie die Electricität), können in verschiedenen Theilen des Raumes positive und negative Potentialniveaux, vorkommen, und diese Theile des Raumes werden von einander getrennt durch eine Fläche mit dem Potentialniveau Null.

Wenn der Punct p, in welchem wir uns die Einheit des Agens concentrirt denken, sich von der Stelle, wo er sich ursprünglich befand, nach verschiedenen Richtungen bewegt, so hängt die Kraft, welche bei dieser Bewegung fördernd oder hemmend wirkt, davon ab, wie schnell in der betreffenden Richtung das Potentialniveau zunimmt oder abnimmt. Nach Richtungen, in welchen das Potentialniveau constant bleibt, wirkt keine Kraft, und nach anderen Richtungen wirken um so stärkere Kräfte, je schneller in ihnen das Potentialniveau sich ändert, und zwar ist die auf irgend eine Richtung bezogene Kraft positiv oder negativ, jenachdem das Potentialniveau in dieser Richtung zunimmt oder abnimmt.

§ 11.

Bestimmung der Potentialfunction für den Fall, wenn der Punct p sich innerhalb des von dem wirksamen Agens stetig erfüllten Raumes befindet.

In § 6 wurde gesagt, dass es nicht unmittelbar klar sei, ob die durch Gleichung (19) bestimmte Function U auch für den Fall, **wenn der Punct p sich innerhalb des von dem wirksamen Agens** stetig erfüllten Raumes befindet, die Eigenschaft habe, durch ihre Differentialcoefficienten die Kraftcomponenten darzustellen, und dasselbe gilt natürlich auch von der in § 7 betrachteten, durch die Gleichung (Ia.) bestimmten Function V. Wir wollen daher diesen Fall jetzt näher untersuchen, wobei wir uns aber, da die beiden Functionen sich in dieser Beziehung ganz gleich verhalten müssen, auf Eine von ihnen beschränken können, wozu wir die Potentialfunction V wählen wollen.

In der unter (Ia.) gegebenen Formel der Potentialfunction:

$$\varepsilon \int \frac{1}{r} dq'$$

ist die zu integrirende Function $\frac{1}{r}$ für diejenigen Elemente dq', welche den betrachteten Punct unmittelbar umgeben, unendlich gross, weil der Abstand r für dieselben unendlich klein ist, und derselbe Umstand findet, wie wir gleich nachher sehen werden, in noch höherem Grade bei den Formeln statt, welche man erhält, wenn man die Kraftcomponenten entweder direct oder durch Differentiation der Potentialfunction bestimmen will. Nun ist freilich daraus, dass die zu integrirende Function für gewisse Elemente unendlich gross wird, noch nicht zu schliessen, dass auch das Integral selbst unendlich gross oder unbestimmt werden müsse, denn es kann sein, dass die Summe derjenigen Elemente, für welche die zu integrirende Function einen unendlich grossen Werth von einer gewissen Ordnung annimmt, selbst eine unendlich kleine Grösse von noch höherer Ordnung ist, so dass der Einfluss dieser Elemente verschwindet, und das ganze Integral einen bestimmten endlichen Werth behält. Indessen darf man ein solches Verhalten doch nicht ohne Weiteres voraussetzen, sondern muss bei jedem derartigen Integrale, bevor man es zu weiteren Rechnungen anwendet, durch besondere Betrachtungen darüber entscheiden, ob die Integration in der Weise ausführbar ist, dass sie einen bestimmten endlichen Werth liefert. Dazu dient besonders das Verfahren, durch Einführung anderer Veränderlicher das Integral so umzuformen, dass die nun zu integrirende Function für alle Elemente dieser neuen Veränderlichen endlich bleibt, wodurch dann die bestimmte Ausführbarkeit der Integration ausser Zweifel gesetzt ist.

Dieses Verfahren wollen wir zunächst auf die Potentialfunction, und dann auf die Kraftcomponenten und die Differentialcoefficienten der Potentialfunction anwenden.

Wir wollen dabei der Kürze wegen den von dem Agens stetig erfüllten Raum einen Körper nennen, wobei wir aber unter dem Inhalte des Körpers nur dasjenige Agens verstehen, für welches wir die Potentialfunction bestimmen wollen, und alles, was sonst noch in dem Körper sein mag, unberücksichtigt lassen. Sei k die Dichtigkeit des Körpers bei dem Puncte x', y', z', mit der Bedeutung, dass, wenn $d\tau$ ein Raumelement vorstellt und dq' die Menge des darin enthaltenen wirksamen Agens ist, man hat:

$$dq' = k d\tau\,, \tag{21}$$

wobei wir annehmen wollen, dass die Grösse k, welche eine Function von x', y', z' ist, nirgends unendlich gross werde. Dadurch geht der unter (Ia.) gegebene Ausdruck der Potentialfunction über in:

$$V = \varepsilon \int \frac{k}{r}\, d\tau\,. \tag{22}$$

Um für das Raumelement einen für unseren Zweck passenden Ausdruck zu gewinnen, wollen wir um den betrachteten Puncte p Polarcoordinaten einführen. Wir theilen zunächst den Raum in unendliche schmale Pyramiden ein, welche ihre Spitzen sämmtlich in dem Puncte haben. Denken wir uns um p als Mittelpunct eine Kugelfläche mit der Längeneinheit als Radius beschrieben, so schneidet jede Elementarpyramide aus derselben ein Flächenelement aus, welches $d\sigma$ heissen möge. Die Grösse dieses Flächenelementes bestimmt die Grösse des körperlichen Winkels, welchen die Elementarpyramide an ihrer Spitze bildet, und wir wollen daher dieses mit $d\sigma$ bezeichnete Element kurz das Element des körperlichen Winkels nennen. Die dabei geltende Einheit ergiebt sich daraus, dass der ganze Winkelraum um den Punct gleich 4π zu setzen ist, indem der Flächeninhalt einer mit der Längeneinheit als Radius geschlagenen Kugelfläche bekanntlich durch 4π dargestellt wird.

Betrachten wir nun in einer Elementarpyramide ein unendlich kurzes Stück, welches zwischen zwei um p geschlagenen Kugelflächen mit den Radien r und $r + dr$ liegt, so können wir dieses Stück als das Raumelement $d\tau$ annehmen. Da dasselbe als kleines Prisma mit der Grundfläche $r^2 d\sigma$ und der Höhe dr anzusehen ist, so kommt:

$$d\tau = r^2 dr\, d\sigma\,. \tag{23}$$

Demnach ist:

$$dq' = kr^2 dr\, d\sigma\ , \tag{24}$$

und dadurch geht der obige Ausdruck von V über in:

$$V = \varepsilon \iint kr\, dr\, d\sigma\ . \tag{25}$$

Hierin ist die zu integrirende Function kr für die ersten Elemente dr nicht nur nicht unendlich gross, sondern im Gegentheil unendlich klein, und die oben erwähnte Schwierigkeit fällt somit fort, indem man ohne Weiteres sieht, dass das Integral einen bestimmten endlichen Werth haben muss.

§ 12.

Bestimmung der Kraftcomponenten für einen im Innern des wirksamen Körpers liegenden Punct.

Wir wollen nun in derselben Weise die Componenten der Kraft, welche der Körper auf den Punct p ausübt, behandeln, und zwar wollen wir, da die nach verschiedenen Richtungen gehenden Componenten in gleicher Weise zu behandeln sind, die nach der x-Richtung gehende Componente als Beispiel wählen.

Die von einem Elemente dq', dessen Coordinaten x', y', z' sind, und dessen Abstand von p durch r dargestellt wird, auf p ausgeübte Kraft ist $\varepsilon \frac{dq'}{r^2}$, und die in die x-Richtung fallende Componente dieser Kraft ist $\varepsilon \frac{dq'}{r^2} \cdot \frac{x'-x}{r}$, und man erhält daher für die x-Componente der ganzen Kraft den Ausdruck:

$$X = \varepsilon \int \frac{x'-x}{r^3}\, dq'\ . \tag{26}$$

Hierin wird für unendliche kleine Werthe von r die zu integrirende Function sogar ein unendlich Grosses von der zweiten Ordnung; dessenungeachtet genügt auch hier die Einführung der obigen Differentiale, um diesem Uebelstande auszuweichen. Setzen wir nämlich für dq' wieder den in (24) gegebenen Ausdruck, so kommt:

$$X = \varepsilon \iint k\, \frac{x'-x}{r}\, dr\, d\sigma\ . \tag{27}$$

Da die Länge $x' - x$ stets kleiner oder höchstens ebensogross als r ist, so bleibt die hier zu integrirende Function $k\, \frac{x'-x}{r}$ für alle Elemente dr eine endliche Grösse, und die Integration muss also einen bestimmten endlichen Werth geben.

Im vorigen Ausdrucke bedeutet der Bruch $\frac{x'-x}{r}$ den Cosinus des Winkels, welchen der nach dem Puncte x', y', z' hinführende Leitstrahl mit der x-Axe bildet. Nennt man diesen Winkel ϑ, so kann man schreiben:

$$X = \varepsilon \iint k \cos\vartheta \, dr \, d\sigma \ . \tag{28}$$

In dieser Form ist der Ausdruck auch auf die Kraftcomponenten nach beliebigen anderen Richtungen anwendbar, wenn man festsetzt, das ϑ den Winkel des veränderlichen Leitstrahles mit derjenigen Richtung, für welche man die Kraftcomponente bestimmen will, bedeuten soll.

§ 13.

Bestimmung der Differentialcoefficienten der Potentialfunction für einen im Innern des wirksamen Körpers liegenden Punct.

Es fragt sich nun, ob die ebengefundene Formel für die Kraftcomponente X mit dem Differentialcoefficienten der Potentialfunction $\frac{dV}{dx}$ übereinstimmt.

Bei dieser Untersuchung entsteht eine neue Schwierigkeit. Wir haben in § 11 die Potentialfunction in eine Form gebracht, welche zeigt, dass sie stets einen bestimmten endlichen Werth hat. Diese Form ist aber nicht brauchbar, wenn es sich darum handelt, die Potentialfunction nach den Coordinaten des Punctes p zu differentiiren, denn in diesem Falle darf man dem Puncte p nicht von vorne herein eine feste Lage zuschreiben, und darf ihn daher auch nicht zum Mittelpuncte von Polarcoordinaten machen. Man kann zwar denjenigen Punct, für welchen man den Differentialcoefficienten kennen will, zum Mittelpuncte der Polarcoordinaten wählen, muss dann aber die Potentialfunction so bestimmen, dass sie sich nicht auf diesen Mittelpunct bezieht, sondern auf irgend einen in seiner Nähe liegenden Punct, dessen Coordinaten man noch als veränderlich betrachten kann. Wenn man einen solchen Ausdruck für die Potentialfunction gewonnen hat, so differentiire man ihn, und erst nachdem dieses geschehen ist, darf man in dem dadurch erhaltenen Ausdrucke des Differentialcoefficienten den Coordinaten bestimmte Werthe beilegen, welche man dann für unseren Fall so zu wählen hat, dass sie dem Mittelpuncte der Polarcoordinaten entsprechen.

Es kommt also darauf an, es so einzurichten, dass in dem Ausdrucke der Potentialfunction die zu integrirende Function für alle Elemente endlich bleibt, auch wenn der Punct p nicht im Mittelpuncte der Polarcoordinaten liegt, und dass in dem Ausdrucke des Differentialcoefficienten der Potentialfunction die zu integrirende Function wenigstens dann für alle Elemente endlich bleibt, wenn der Punct p im Mittelpunct der Polarcoordinaten liegt.

Dieses lässt sich ausführen, wenn man noch eine erlaubte Vereinfachung in die Bedingungen einführt. Wenn man nämlich den Differentialcoefficienten nach der Coordinate x bilden will, so braucht dazu der Punct p nicht nach allen Richtungen beweglich zu sein, sondern nur nach der x-Richtung. Ebenso für die Differentiation nach den Coordinaten y und z braucht der Punct nur resp. in der y- oder z-Richtung beweglich zu sein, oder allgemein, man braucht den Punct nur in der geraden Linie als beweglich zu betrachten, nach welcher man differentiiren will. Demgemäss denken wir uns durch den im Voraus gegebenen Punct, für welchen wir den Differentialcoefficienten $\frac{dV}{dx}$ kennen wollen, eine gerade Linie parallel der x-Richtung gezogen, und für einen beliebigen Punct dieser Geraden wollen wir die Potentialfunction bestimmen.

Die rechtwinkligen Coordinaten jenes im Voraus gegebenen Punctes seien x_1, y_1, z_1 und die Coordinaten des beweglichen Punctes p seien x, y_1, z_1. Wir nehmen nun jenen ersteren Punct zum Mittelpuncte von folgendem Systeme von Polarcoordinaten. Die genannte, mit der x-Axe parallele Gerade bilde die Axe dieses Systemes. Die Länge des vom Mittelpuncte nach dem Elemente dq' gezogenen Leitstrahles heisse l, der Winkel, welchen der Leitstrahl mit der Axe bildet, ϑ, und der Winkel, welchen die durch die Axe und den Leitstrahl gelegte Ebene mit irgend einer anderen durch die Axe gehenden festen Ebene bildet, φ. Dann ist der Ausdruck des Raumelementes:

$$d\tau = l^2 \sin\vartheta \, dl \, d\vartheta \, d\varphi \, .$$

Um den Abstand r dieses Elementes von dem beweglichen Puncte p zu bestimmen, wissen wir, dass p in der Axe liegt, um die Strecke $x - x_1$ vom Mittelpuncte entfernt, und zwar nach der positiven oder negativen Seite, je nachdem diese Differenz positiv oder negativ ist. Daraus folgt:

$$\begin{aligned} r &= \sqrt{l^2 - 2l(x - x_1)\cos\vartheta + (x - x_1)^2} \\ &= \sqrt{l^2 \sin^2\vartheta + (l\cos\vartheta + x_1 - x)^2}. \end{aligned}$$

Demnach ist die Potentialfunction:

$$V = \varepsilon \iiint \frac{kl^2 \sin\vartheta}{\sqrt{l^2 \sin^2\vartheta + (l\cos\vartheta + x_1 - x)^2}}\, dl\, d\vartheta\, d\varphi\,. \qquad (29)$$

Hierin ist die zu integrirende Function offenbar für alle Werthe der Veränderlichen l, ϑ und φ endlich, da der Zähler den Factor $l\sin\vartheta$ enthält, welcher niemals grösser als der Nenner werden kann.

Differentiiren wir diesen Ausdruck nach x, so kommt zunächst:

$$\frac{dV}{dx} = \varepsilon \iiint \frac{kl^2 \sin\vartheta\,(l\cos\vartheta + x_1 - x)}{[l^2 \sin^2\vartheta + (l\cos\vartheta + x_1 - x)^2]^{\frac{3}{2}}}\, dl\, d\vartheta\, d\varphi\,,$$

und wenn wir hierin dem Obigen gemäss für x den bestimmten Werth x_1 setzen, welcher dem Mittelpuncte der Polarcoordinaten entspricht, so erhalten wir:

$$\frac{dV}{dx} = \varepsilon \iiint k \sin\vartheta \cos\vartheta\, dl\, d\vartheta\, d\varphi\,. \qquad (30)$$

Man sieht, dass in dieser Formel wiederum die zu integrirende Function für alle bei der Integration vorkommenden Elemente endlich bleibt. Demnach sind die oben gestellten Bedingungen erfüllt, und die letzte Formel kann als der richtige Ausdruck des Differentialcoefficienten $\frac{dV}{dx}$ an dem gegebenen Puncte betrachtet werden.

Vergleicht man diesen Ausdruck von $\frac{dV}{dx}$ mit dem in Gleichung (28) für X gefundenen, so ist klar, dass das Product $\sin\vartheta\, d\vartheta\, d\varphi$ das Flächenelement darstellt, welches die durch die beiden Winkelelemente $d\vartheta$ und $d\varphi$ bestimmte Elementarpyramide aus der um den Mittelpunct der Coordinaten beschriebenen Kugelfläche mit dem Radius 1 ausschneidet, und wir können daher dieses Product in der Gleichung (30) durch $d\sigma$ ersetzen; ferner können wir in der Gleichung (30), in welcher vorausgesetzt ist, dass der Punct p im Mittelpuncte der Polarcoordinaten liege, dr statt dl schreiben. Dadurch wird der in (30) an der rechten Seite stehende Ausdruck mit dem in (28) an der rechten Seite stehenden identisch, und man erhält also:

$$X = \frac{dV}{dx}\,.$$

Es versteht sich auch hier wieder von selbst, dass ganz ebenso, wie der Differentialcoefficient nach x, auch die Differentialcoefficienten nach y und z oder nach irgend einer beliebigen Richtung s sich behandeln lassen, und wir können daher als gewonnenes Resultat aussprechen: sowohl ausserhalb als auch innerhalb des Raumes, welcher von dem wirksamen Agens erfüllt ist, werden durch die ersten Differentialcoefficienten der Potentialfunction die Kraftcomponenten dargestellt.

§ 14.

Satz in Bezug auf die zweiten Differentialcoefficienten der Potentialfunction.

Wenden wir uns nun zur Betrachtung der zweiten Differentialcoefficienten, so finden wir wieder eine wichtige Eigenschaft der Potentialfunction.

Da nach Gleichung (10) ist:

$$r = \sqrt{(x'-x)^2 + (y'-y)^2 + (z'-z)^2}\,,$$

so erhält man, wenn man den Bruch $\frac{1}{r}$ zweimal nach derselben Veränderlichen differentiirt:

$$\left.\begin{aligned} \frac{d^2\left(\frac{1}{r}\right)}{dx^2} &= -\frac{1}{r^3} + 3\,\frac{(x'-x)^2}{r^5} \\ \frac{d^2\left(\frac{1}{r}\right)}{dy^2} &= -\frac{1}{r^3} + 3\,\frac{(y'-y)^2}{r^5} \\ \frac{d^2\left(\frac{1}{r}\right)}{dz^2} &= -\frac{1}{r^3} + 3\,\frac{(z'-z)^2}{r^5} \end{aligned}\right\} \qquad (31)$$

Durch Addition dieser drei Gleichungen kommt:

$$\frac{d^2\left(\frac{1}{r}\right)}{dx^2} + \frac{d^2\left(\frac{1}{r}\right)}{dy^2} + \frac{d^2\left(\frac{1}{r}\right)}{dz^2} = 0\,. \qquad (32)$$

Um dieses Resultat auf die Potentialfunction anzuwenden, betrachten wir die allgemeine in (Ia.) gegebene Form derselben:

$$V = \varepsilon \int \frac{1}{r}\, dq'\,.$$

Für den Fall, dass r für alle vorkommenden dq' eine endliche Grösse bleibt, können wir die doppelte Differentiation sofort unter dem Integralzeichen vornehmen. Wir erhalten also für den auf x bezüglichen Differentialcoefficienten die Gleichung:

$$\frac{d^2V}{dx^2} = \varepsilon \int \frac{d^2\left(\frac{1}{r}\right)}{dx^2}\, dq' = \varepsilon \int \left(-\frac{1}{r^3} + 3\,\frac{(x'-x)^2}{r^5}\right) dq'\,.$$

Der unter dem letzten Integralzeichen in Klammer stehende Ausdruck kann offenbar unter der gemachten Voraussetzung, dass r nicht unendlich klein wird, keinen unendlich grossen Werth annehmen, und die für die bestimmte Ausführbarkeit der Integration nothwendige Bedingung ist daher ohne Weiteres erfüllt. In entsprechender Weise erhalten wir für die auf y und z bezüglichen Differentialcoefficienten die Gleichungen:

$$\frac{d^2V}{dy^2} = \varepsilon\int\frac{d^2\left(\frac{1}{r}\right)}{dy^2}\,dq' = \varepsilon\int\left(-\frac{1}{r^3}+\frac{(y'-y)^2}{r^5}\right)dq'$$

$$\frac{d^2V}{dz^2} = \varepsilon\int\frac{d^2\left(\frac{1}{r}\right)}{dz^2}\,dq' = \varepsilon\int\left(-\frac{1}{r^3}+\frac{(z'-z)^2}{r^5}\right)dq'.$$

Wenn wir die in diesen drei Gleichungen vorkommenden Integrale addiren, so heben sie sich natürlich ebenso auf, wie die Ausdrücke (31), und wir bekommen:

$$\frac{d^2V}{dx^2}+\frac{d^2V}{dy^2}+\frac{d^2V}{dz^2}=0\,. \tag{33}$$

Diese Summe der drei zweiten Differentialcoefficienten kommt in der Potentialtheorie so häufig vor, dass es zweckmässig ist, sie durch ein kurzes Zeichen darzustellen, und wir wollen dieses, ähnlich wie GREEN, durch ein vor die Function geschriebenes Δ thun[1]), so dass die vorige Gleichung in dieser Abkürzung lautet:

$$\Delta V = 0\,. \tag{33a.}$$

Da bei der Bildung dieser Gleichung vorausgesetzt wurde, das r für alle Elemente dq' endlich bleibe, so folgt daraus dass, wenn das wirksame

---

1) GREEN hat das Zeichen δV gebraucht, da aber der Buchstabe δ auch zur Bezeichnung der Variationen angewandt wird, so habe ich in der ersten Ausgabe dieses Buches die kleine Aenderung in jenem Zeichen vorgenommen, dass ich D statt δ gesetzt habe. Seitdem ist es nun aber gebräuchlicher geworden, zwar, wie ich es gethan habe, den GREEN'schen Buchstaben δ zu verlassen, aber statt desselben nicht D, sondern Δ anzuwenden. Ich hatte den Buchstaben Δ nur deshalb nicht gewählt, weil er zuweilen zur Bezeichnung der Dichtigkeit angewandt wird; indessen ist das eine untergeordnete Rücksicht, und ich stehe nicht an, mich jetzt der gebräuchlicher gewordenen Bezeichnungsweise anzuschliessen. Noch will ich bemerken, dass BETTI in einer vor Kurzem erschienenen werthvollen Schrift (Teorica delle forze che agiscono secondo la legge di Newton, Pisa 1865) die in (33) vorkommende Summe nicht durch ΔV, sondern durch $\Delta^2 V$ bezeichnet.

Agens einen körperlichen Raum stetig ausfüllt, die Gleichung nur für den Fall bewiesen ist, dass der Punct p ausserhalb dieses Körpers liegt, und vorläufig müssen wir sogar annehmen, dass p in endlichem Abstande von der Oberfläche des Körpers entfernt liege.

§ 15.

Gestaltung des vorigen Satzes für den Fall, wenn der betrachtete Punct sich innerhalb des wirksamen Körpers befindet.

Befindet sich p innerhalb des Körpers, so ist für die nächsten Elemente dq' der Abstand r unendlich klein und die in (31) gegebenen zu integrirenden Ausdrücke werden daher unendlich gross. Man könnte nun vielleicht meinen, dass dieser Umstand auch hier, wie in den früheren Fällen, weil er sich nur auf eine unendlich kleine Menge des Agens bezieht, kein wesentliches Hinderniss für die Anwendbarkeit der Formeln bilde; bei näherer Betrachtung findet man jedoch, dass die Sache sich in diesem Falle anders verhält, weil die zu integrirenden Functionen unendliche Grössen von zu hoher Ordnung werden.

Bilden wir nämlich den Differentialcoefficienten $\frac{d^2V}{dx^2}$ in der vorher angegebenen Weise, und setzen darin für das Element dq' den in Gleichung (24) gegebenen Ausdruck $kr^2\,dr\,d\sigma$, so kommt:

$$\frac{d^2V}{dx^2} = \varepsilon\iint\frac{k}{r}\left(-1+3\,\frac{(x'-x)^2}{r^2}\right)dr\,d\sigma\,,$$

und wenn wir hierin noch für $\frac{x'-x}{r}$, wie in § 12, schreiben $\cos\vartheta$, und dem entsprechend das Element $d\sigma$ durch $\sin\vartheta\,d\vartheta\,d\varphi$ ersetzen, so lautet die Formel:

$$\frac{d^2V}{dx^2} = \varepsilon\iiint\frac{k}{r}\,(-1+3\cos^2\vartheta)\sin\vartheta\,dr\,d\vartheta\,d\varphi\,.$$

Man sieht, dass selbst in dieser durch Einführung von Polarcoordinaten umgestalteten Formel wegen des r, welches im Nenner geblieben ist, die zu integrirende Function für die ersten Elemente dr unendlich gross wird. Auf den ersten Blick könnte es sogar scheinen, als ob auch das ganze Integral unendlich gross werden müsste, weil das Integral $\int\frac{dr}{r}$, wenn es von $r=0$ bis zu einem endlichen Werthe von r genommen wird, unendlich gross wird. Wenn man jedoch auch die Integrationen nach den beiden anderen Veränderlichen ϑ und φ berücksichtigt, so findet man, dass allerdings, wenn diese Integrationen nur auf einen Theil des körperlichen Winkelraumes um p ausgedehnt werden, im Allgemeinen unendliche Werthe entstehen, dass aber bei Ausdehnung auf den ganzen Winkelraum das Integral sich in die Gestalt einer algebraischen Summe bringen lässt, welche unendlich grosse Glieder enthält, die aber verschiedene Vorzeichen haben, und sich der Form nach gegenseitig aufheben. Diese Summe ist nicht als unendlich gross zu betrachten, aber auf der andern Seite kann man ihr auch keinen bestimmten endlichen Werth zuschreiben, weil die algebraische Summe zweier mit entgegengesetzten Vorzeichen versehener unendlicher Grössen, welche der Form nach gleich sind, nicht ohne Weiteres gleich Null zu setzen ist, sondern einen unbestimmten Werth hat.

Ohne auf das Verhalten derartiger Ausdrücke mit unendlich werdenden Gliedern hier näher einzugehen, können wir jedenfalls soviel sagen, dass der obige Ausdruck von $\frac{d^2V}{dx^2}$ (welcher dadurch entstanden ist, dass in der unter (I a.) gegebenen Formel von V, worin die Integration noch ganz unausgeführt ist, die zweifache Differentiation unter dem Integralzeichen vorgenommen wurde), zur Bestimmung des wahren Werthes von $\frac{d^2V}{dx^2}$ nicht geeignet ist, weil selbst nach Einführung von Polarcoordinaten die zu integrirende Function nicht für alle vorkommenden Werthe der Veränderlichen endlich bleibt. Wir müssen also die Werthe der zweiten Differentialcoefficienten von V und ihrer Summe ΔV auf andere Weise zu bestimmen suchen.

Es wird zweckmässig sein, hier gleich im Voraus anzugeben, welches Resultat man bei der richtigen Bestimmungsweise jener Grössen erhält. Sei nämlich k_p die Dichtigkeit des Agens in dem betrachteten Puncte p, auf welchen sich der Ausdruck bezieht, so ist:

$$\left.\begin{aligned} \frac{d^2V}{dx^2} + \frac{d^2V}{dy^2} + \frac{d^2V}{dz^2} &= -4\pi\varepsilon k_p \\ \Delta V &= -4\pi\varepsilon k_p\,. \end{aligned}\right\} \qquad \text{(II.)}$$

Diese Gleichung, welche die früher unter (33) und (33 *a.*) mitgetheilte Gleichung als speciellen Fall umfasst, indem ausserhalb des Körpers $k = 0$ ist, drückt die zweite Haupteigenschaft der Potentialfunction aus, nämlich die, dass man aus der Potentialfunction eines Agens auch seine Dichtigkeit k als Function der Raumcoordinaten ableiten, und somit die Art, wie das Agens durch den Raum vertheilt ist, bestimmen kann.

Der Beweis dieser wichtigen Gleichung bietet, wenn er in allgemeiner und ganz strenger Weise geführt werden soll, einige Schwierigkeit dar, welche man auf verschiedene Weisen zu überwinden gesucht hat. Ich will hier einen Beweis, welchen ich vor einiger Zeit in Liouville's Journal [1]) veröffentlich habe, in etwas veränderter Gestalt mittheilen. Bevor wir aber zu diesem allgemeinen Beweise übergehen, möge des leichteren Verständnisses wegen ein einfacher specieller Fall, welcher sich sehr leicht behandeln lässt, vorausgeschickt werden.

§ 16.

Beweis des Satzes für den Fall eines homogenen Körpers.

Der zur vorläufigen Behandlung gewählte specielle Fall ist derjenige, wo die Dichtgkeit des Agens in dem ganzen Körper gleich ist, oder mit anderen Worten, wo der Körper in Bezug auf das Agens homogen ist.

In diesem Falle ist die Grösse k constant, und man kann daher, nachdem man in der Gleichung (Ia.) das Mengenelement dq' durch das Product $kd\tau$ ersetzt hat, worin $d\tau$ das Raumelement bedeutet, den Coefficienten k aus dem Integralzeichen herausnehmen und schreiben:

$$V = \varepsilon k \int \frac{1}{r}\, d\tau \,. \qquad (34)$$

Ich will nun zuerst eine häufig vorkommende, sehr einfache Art, diese Gleichung zu behandeln, anführen, und dann noch auf eine andere Behandlungsart, welche mir für den weiteren Verlauf der Entwickelungen zweckmässig zu sein scheint, eingehen.

Man denke sich um einen in der Nähe des betrachteten Punctes p liegenden Punct eine ganz im Innern des Körpers liegende Kugelfläche geschlagen, welche den Punct p umschliesst und überall in endlicher Entfernung von demselben bleibt, welches Letztere möglich ist, wenn wir, wie es vorläufig geschehen soll, voraussetzen, dass p sich in endlicher Entfernung von der Oberfläche des gegebenen Körpers befinde. Durch diese Kugelfläche wird der gegebene Körper in zwei Theile getheilt, nämlich in den, welcher innerhalb, und in den, welcher

1) Sér. II. T. III. 1858.

ausserhalb der Kugelfläche liegt. Demgemäss wollen wir auch das in der Gleichung (34) vorkommende Integral in zwei Theile theilen, welche äusserlich durch die an die Integralzeichen gesetzten Indices 1 und 2 unterschieden werden sollen. Die Gleichung (34) geht dann über in:

$$V = \varepsilon k \int_1 \frac{1}{r}\, d\tau + \varepsilon k \int_2 \frac{1}{r}\, d\tau\,, \tag{35}$$

worin das erste Integral sich über den Rauminhalt der Kugel und das zweite sich über den ausserhalb der Kugel liegenden Theil des Körpers erstreckt.

Die erste Integration lässt sich sogleich wirklich ausführen. Die dazu nöthige Rechnung wird in einem später folgenden §, welcher sich auf eine von zwei concentrischen Kugelflächen begrenzte Kugelschicht, (worin als specieller Fall auch die Vollkugel inbegriffen ist), bezieht, auseinandergesetzt werden. Hier will ich, um nicht zu breit zu werden, nur das betreffende Resultat anführen, von dessen Richtigkeit sich übrigens Jeder leicht, auch ohne den späteren § anzusehen, überzeugen kann. Nehmen wir an, der Punct p, auf welchen die in dem Integrale vorkommenden Abstände r sich beziehen, sei vom Mittelpuncte der Kugel um die Strecke l entfernt, und bezeichnen den Radius der Kugel mit A, so kommt:

$$\int_1 \frac{1}{r}\, d\tau = 2\pi \left(A^2 - \tfrac{1}{3}\, l^2\right).$$

Nennen wir noch die Coordinaten des Mittelpunctes der Kugel x_0, y_0, z_0, so ist:

$$l^2 = (x - x_0)^2 + (y - y_0)^2 + (z - z_0)^2\,,$$

wodurch die vorige Gleichung übergeht in:

$$\int_1 \frac{1}{r}\, d\tau = 2\pi \left\{A^2 - \tfrac{1}{3}\left[(x-x_0)^2 + (y-y_0)^2 + (z-z_0)^2\right]\right\}.$$

Setzen wir diesen Werth des ersten Integrals in die Gleichung (35) ein, so erhalten wir:

$$V = 2\pi\varepsilon k \left\{A^2 - \tfrac{1}{3}\left[(x-x_0)^2 + (y-y_0)^2 + (z-z_0)^2\right]\right\} + \varepsilon k \int_2 \frac{1}{r}\, d\tau\,. \tag{36}$$

Diese Gleichung lässt sich nun differentiiren, denn im zweiten Integrale, in welchem nur endliche Werthe von r vorkommen, kann man die Differentiation ohne Weiteres unter dem Integralzeichen vornehmen. Wir erhalten dadurch:

$$\left.\begin{aligned}\frac{d^2V}{dx^2} &= -\frac{4}{3}\pi\varepsilon k + \varepsilon k\int_2 \frac{d^2\left(\frac{1}{r}\right)}{dx^2}\,d\tau\\ \frac{d^2V}{dy^2} &= -\frac{4}{3}\pi\varepsilon k + \varepsilon k\int_2 \frac{d^2\left(\frac{1}{r}\right)}{dy^2}\,d\tau\\ \frac{d^2V}{dz^2} &= -\frac{4}{3}\pi\varepsilon k + \varepsilon k\int_2 \frac{d^2\left(\frac{1}{r}\right)}{dz^2}\,d\tau\,.\end{aligned}\right\}\tag{37}$$

Addirt man diese drei Gleichungen, so geben die drei noch unausgeführten Integrale, gemäss der Gleichung (32), als Summe Null, und es kommt:

$$\frac{d^2V}{dx^2} + \frac{d^2V}{dy^2} + \frac{d^2V}{dz^2} = -4\pi\varepsilon k\,,$$

oder:

$$\Delta V = -4\pi\varepsilon k\,,$$

welches die zu beweisende Gleichung ist.

§ 17.

Eine veränderte, für die weiteren Entwickelungen geeignete Form der Potentialfunction eines homogenen Körpers.

Ich will nun, wie schon oben angekündigt, noch eine zweite Art, den Satz für homogene Körper zu beweisen, auseinandersetzen, weil sich daran der weiter unten mitzutheilende allgemeine Beweis des Satzes für nicht homogene Körper anschliessen wird. Zu dem Zwecke muss zuerst der Ausdruck der Potentialfunction in eine etwas andere Gestalt gebracht werden.

Wir wollen dazu das in Gleichung (34) vorkommende Raumelement $d\tau$ so ausdrücken, wie es schon in § 11 geschehen ist. Denken wir uns nämlich vom Puncte p eine Elementarpyramide ausgehend, deren unendlich kleiner körperlicher Winkel an der Spitze $d\sigma$ heisse, und denken wir uns aus dieser Pyramide ein Stück ausgeschnitten, welches zwischen zwei um p geschlagenen Kugelflächen mit den Radien r und $r + dr$ liegt, und nehmen wir dieses Stück der Elementarpyramide als Raumelement, so haben wir:

$$d\tau = r^2\,dr\,d\sigma\,.$$

Dadurch geht die Gleichung (34) über in:

$$V = \varepsilon k\iint r\,dr\,d\sigma$$

oder anders geschrieben:

$$V = \varepsilon k\int d\sigma\int r\,dr\,.\tag{38}$$

In diesem Ausdrucke lässt sich die Integration nach r sofort ausführen. Das allgemeine Integral ist $\frac{r^2}{2}$, aber die Grenzen, zwischen denen es genommen werden muss, sind verschieden, je nach der Gestalt des Körpers und der Lage des Punctes p.

Befindet sich p im Innern des Körpers, und ist dieser so gestaltet, dass jeder von p ausgehende Leitstrahl die Oberfläche nur einmal trifft, so ist, wenn wir den Abstand des Durchschnittspunctes vom Puncte p mit R bezeichnen, das Integral von 0 bis R zu nehmen, und es kommt:

$$V = \frac{\varepsilon k}{2} \int R^2 d\sigma . \qquad \textbf{(39)}$$

Das hierin noch vorkommende Integral erstreckt sich über den ganzen körperlichen Winkelraum um p.

Befindet sich p wieder im Innern des Körpers, ist die Gestalt des letzteren aber der Art, dass die Leitstrahlen nach manchen Richtungen hin die Oberfläche mehr als einmal schneiden, so muss, wenn der Körper endlich und somit seine Oberfläche ganz geschlossen ist, die Anzahl der Durchschnittspuncte jedenfalls eine ungerade sein. Betrachten wir eine nach einer solchen Richtnng gehende Elementarpyramide, so liegt diese von der Spitze bis zum ersten Durchschnitte innerhalb des Körpers, vom ersten bis zum zweiten Durchschnitte ausserhalb, vom zweiten bis zum dritten innerhalb u. s. f. Da für die Potentialfunction nur die Theile in Betracht kommen, welche innerhalb des Körpers liegen, so haben wir, wenn R_1, R_2, R_3 etc. die vom Puncte p aus gerechneten Abstände der aufeinander folgenden Durchschnitte sind, die Integration nach r von 0 bis R_1, von R_2 bis R_3 u. s. f. auszuführen, und bekommen dadurch:

$$V = \frac{\varepsilon k}{2} \int (R_1^2 - R_2^2 + R_3^2 - \text{etc.})\, d\sigma . \qquad \textbf{(39a.)}$$

Befindet sich p ausserhalb des Körpers so muss für jeden Leitstrahl, welcher den Körper überhaupt trifft, die Anzahl der Durchschnitte mit der Oberfläche eine gerade sein, und das Integral nach r ist in diesem Falle, wie man leicht sieht, von R_1 bis R_2, dann (falls noch weitere Durchschnitte vorkommen), von R_3 bis R_4 u. s. f. zu nehmen. Es kommt also:

$$V = \frac{\varepsilon k}{2} \int (-R_1^2 + R_2^2 - \text{etc.})\, d\sigma . \qquad \textbf{(39b.)}$$

Das Integral nach σ bezieht sich in diesem Falle natürlich nur auf den Theil des körperlichen Winkelraumes um p, in welchem der gegebene

Körper liegt. Denkt man sich also von p aus um den Körper einen Berührungskegel gelegt, so erstreckt sich das Integral nach σ über die Oeffnung dieses Kegels. Sollte der Körper die Gestalt einer ganz geschlossenen Schaale haben, und p in dem eingeschlossenen hohlen Raume liegen, so ist das Integral wieder über den ganzen körperlichen Winkelraum 4π auszudehnen.

Befindet sich p endlich gerade in der Oberfläche des Körpers, so ist es gleichgültig, welche der beiden letzten Gleichungen man anwendet, indem man aus beiden das Resutat erhalten kann, wenn man die Richtungen, nach welchen $R_1 = 0$ gesetzt werden muss, in entprechender Weise wählt.

In diesen Gleichungen können wir das auf den körperlichen Winkel bezügliche Integral in ein anderes verwandeln. Betrachten wir bei einer Elementarpyramide mit dem körperlichen Winkel $d\sigma$ das Flächenelement, welches sie aus der Oberfläche des Körpers ausschneidet, und welches $d\omega$ heissen möge, so stehen die beiden Elemente $d\sigma$ und $d\omega$ in einer einfachen Beziehung zu einander. Wenn wir den Cosinus des Winkels, welchen der nach $d\omega$ gezogene Leitstrahl mit der auf $d\omega$ errichteten Normale bildet, mit i bezeichnen, so ist offenbar:

$$i\, d\omega = \pm R^2 d\sigma ,$$

oder anders geschrieben:

$$d\sigma = \pm \frac{i}{R^2} d\omega , \tag{40}$$

worin die Wahl des Vorzeichens davon abhängt, ob i eine positive oder negative Grösse ist. Um das letztere entscheiden zu können, möge ein- für allemal festgesetzt werden, dass wir bei Winkelbestimmungen die Richtung des Leitstrahles immer nach der Seite hin betrachten, nach welcher seine Länge wächst, und die Richtung der Normale nach der Seite, welche vom Körper nach aussen geht. Dann ist klar, dass überall, wo der Leitstrahl, indem er wächst, aus dem Körper heraustritt, der Winkel zwischen Leitstrahl und Normale kleiner als 90^0, und somit der mit i bezeichnete Cosinus positiv ist; überall dagegen, wo der Leitstrahl in den Körper hineintritt, der Winkel grösser als 90^0 und somit i negativ ist.

Sehen wir nun, wie sich hierdurch die obigen Integrale gestalten. Wenn eine Elementarpyramide die Oberfläche mehrmals schneidet, so gehören zu demselben Elemente $d\sigma$ des körperlichen Winkels mehrere Elemente der Körperoberfläche $d\omega_1$, $d\omega_2$ etc., jedes mit seinem besonderen

Werthe von i, so dass der Reihe von Producten $R_1^2 d\sigma$, $R_2^2 d\sigma$ etc., welche in den Integralen vorkommen, ebensoviele Producte $i_1 d\omega_1$, $i_2 d\omega_2$ etc. entsprechen. Untersucht man die vor den einzelnen R^2 stehenden Vorzeichen, so findet man, dass in den Fällen, wo i positiv ist, auch das entsprechende R^2 das Pluszeichen hat, und in den Fällen wo i negativ ist, R^2 das Minuszeichen hat. Demnach braucht man zu den Producten $i d\omega$ äusserlich kein Vorzeichen hinzufügen, indem sie durch den Factor i von selbst in der richtigen Weise positiv und negativ werden. Da nun alle durch das vorige Verfahren erhaltenen Flächenelemente $d\omega$ zusammen gerade die ganze Oberfläche des Körpers ausmachen, so entsteht die einfache Gleichung:

$$V = \frac{\varepsilon k}{2} \int i d\omega\,, \qquad \text{(III.)}$$

welche für jede Gestalt des Körpers und jede Lage des Punctes p gültig bleibt.

Diese Form der Potentialfunction eines homogenen Körpers, in welcher die Integration über den Rauminhalt auf eine Integration über die Oberfläche zurückgeführt ist, ist für viele Untersuchungen sehr bequem, und kann unter andern auch für unsern vorliegenden Zweck dienen.

§ 18.

Beweis des obigen Satzes mit Hülfe des im vorigen § gewonnenen neuen Ausdruckes der Potentialfunction eines homogenen Körpers.

Da die in (III.) vorgeschriebene Integration nach einer Grösse stattfindet, welche von den Coordinaten x, y, z des Punctes p unabhängig ist, so kann man nach diesen Coordinaten unter dem Integralzeichen differentiiren, und erhält dadurch:

$$\frac{dV}{dx} = \frac{\varepsilon k}{2} \int \frac{di}{dx} d\omega$$

$$\frac{d^2V}{dx^2} = \frac{\varepsilon k}{2} \int \frac{d^2i}{dx^2} d\omega\,,$$

und ebenso in Bezug auf die beiden anderen Coordinaten. Durch Addition der drei zweiten Differentialcoefficienten kommt:

$$\Delta V = \frac{\varepsilon k}{2} \int \left(\frac{d^2i}{dx^2} + \frac{d^2i}{dy^2} + \frac{d^2i}{dz^2} \right) d\omega\,. \qquad (41)$$

Zur nähreren Bestimmung von i seien die Cosinus der Winkel des nach $d\omega$ gezogenen Leitstrahles mit den drei Coordinatenaxen mit a, b, c, und die Cosinus der Winkel der auf $d\omega$ errichteten Normale mit den Coordinatenaxen mit α, β, γ bezeichnet; dann ist:

$$i = a\alpha + b\beta + c\gamma\,. \tag{42}$$

Ferner ist, wenn ξ, η, ζ die Coordinaten des Elementes $d\omega$ sind:

$$a = \frac{\xi - x}{R}\,; \quad b = \frac{\eta - y}{R}\,; \quad c = \frac{\zeta - z}{R}\,. \tag{43}$$

Dadurch geht die vorige Gleichung über in:

$$i = \frac{(\xi - x)\alpha + (\eta - y)\beta + (\zeta - z)\gamma}{R} \tag{44}$$

und zugleich ist:

$$R = \sqrt{(\xi - x)^2 + (\eta - y)^2 + (\zeta - z)^2}\,. \tag{45}$$

Hiernach können wir die Differentialcoefficienten von i bilden, und bekommen:

$$\left.\begin{aligned} \frac{di}{dx} &= \frac{\xi - x}{R^2}\, i - \frac{\alpha}{R} \\ \frac{di}{dy} &= \frac{\eta - y}{R^2}\, i - \frac{\beta}{R} \\ \frac{di}{dz} &= \frac{\zeta - z}{R^2}\, i - \frac{\gamma}{R} \end{aligned}\right\} \tag{46}$$

$$\left.\begin{aligned} \frac{d^2 i}{dx^2} &= \frac{3(\xi - x)^2 - R^2}{R^4}\, i - 2\,\frac{\xi - x}{R^3}\,\alpha \\ \frac{d^2 i}{dy^2} &= \frac{3(\eta - y)^2 - R^2}{R^4}\, i - 2\,\frac{\eta - y}{R^3}\,\beta \\ \frac{d^2 i}{dz^2} &= \frac{3(\zeta - z)^2 - R^2}{R^4}\, i - 2\,\frac{\zeta - z}{R^3}\,\gamma\,. \end{aligned}\right\} \tag{47}$$

Nehmen wir nun wieder an, dass der Punct p sich in endlicher Entfernung von der Oberfläche befinde, so dass R für kein Flächenelement unendlich klein wird, so können die einzelnen Glieder der vorstehenden Ausdrücke nicht unendlich gross werden, und die Ausdrücke sind daher zur Integration anwendbar.

Wenn man nun die drei letzten Ausdrücke addirt, so heben sich ihre ersten Glieder auf und es bleibt:

$$\begin{aligned} \frac{d^2 i}{dx^2} + \frac{d^2 i}{dy^2} + \frac{d^2 i}{dz^2} &= -2\,\frac{(\xi - x)\alpha + (\eta - y)\beta + (\zeta - z)\gamma}{R^3} \\ &= -2\,\frac{i}{R^2}\,, \end{aligned} \tag{48}$$

und dadurch geht die Gleichung (41) über in:

$$\Delta V = -\varepsilon k \int \frac{i}{R^2}\, d\omega\,. \tag{49}$$

Die hierin vorkommende Integration lässt sich leicht ausführen.

Nach Gleichung (40) ist nämlich:

$$\frac{i}{R^2}\,d\omega = \pm\,d\sigma\,,$$

worin $d\sigma$ dasjenige körperliche Winkelelement ist, welches zu derselben Elementarpyramide gehört, wie $d\omega$. Da nun, wie im vorigen § besprochen wurde, zu Einer Elementarpyramide mehrere Elemente $d\omega$ gehören können, so kann dasselbe Element $d\sigma$ mehrmals mit verschiedenen Vorzeichen in dem Integrale vorkommen, und in dieser Beziehung tritt ein wesentlicher Unterschied ein, jenachdem p ausserhalb oder innerhalb des Körpers liegt.

Liegt p ausserhalb des Körpers, so schneidet jede Elementarpyramide, welche überhaupt den Körper trifft, seine Oberfläche eine gerade Anzahl von Malen, und eben so oft kommt das dazugehörige $d\sigma$ in dem Integrale vor, und zwar abwechselnd mit dem negativen und positiven Vorzeichen. Die Gleichung (49) nimmt also folgende Form an:

$$\Delta V = -\varepsilon k \int (-1 + 1 - \text{etc.})\,d\sigma\,,$$

worin die unter dem Integralzeichen stehende Klammer offenbar Null wird, indem sie eine gerade Anzahl von Gliedern enthält, welche den absoluten Werthen nach gleich, und den Vorzeichen nach je zwei entgegengesetzt sind. Wir erhalten somit dasselbe Resultat, welches für diesen Fall schon oben auf andere Weise abgeleitet wurde, nämlich:

$$\Delta V = 0\,.$$

Liegt p dagegen innerhalb des Körpers, so kommt jedes Element des körperlichen Winkels eine ungerade Anzahl von Malen vor, das erste Mal positiv, und dann abwechselnd negativ und positiv. Die Gleichung (49) nimmt also in diesem Falle folgende Form an:

$$\Delta V = -\varepsilon k \int (1 - 1 + 1 - \text{etc.})\,d\sigma\,,$$

worin die unter dem Integralzeichen stehende Klammer eine ungerade Anzahl gleicher, aber abwechselnd mit entgegengesetzen Vorzeichen versehener Glieder enthält. Diese Glieder heben sich soweit gegenseitig auf, dass nur das erste übrig bleibt, und die Gleichung sich somit auf folgende einfachere reducirt:

$$\Delta V = -\varepsilon k \int d\sigma\,. \qquad (50)$$

Da nun das Integral über den ganzen körperlichen Winkelraum auszudehnen ist, und daher den Werth 4π hat, so erhält man:

$$\Delta V = -4\pi\varepsilon k\,,$$

welches die zu beweisende Gleichung ist.

§ 19.

Differentialcoefficienten erster Ordnung des in § 17 gewonnenen Ausdruckes der Potentialfunction eines homogenen Körpers.

Bevor ich die homogenen Körper verlasse, muss ich noch über den in § 17 unter (III.) gegebenen Ausdruck der Potentialfunction eines homogenen Körpers eine Bemerkung einschalten, welche sich auf die Differentialcoefficienten erster Ordnung dieses Ausdruckes bezieht.

Der in Rede stehende Ausdruck ist:

$$V = \frac{\varepsilon k}{2}\int i d\omega \,.$$

Differentiirt man denselben nach einer der Coordinaten, z. B. nach x, so erhält man in Uebereinstimmung mit der ersten der Gleichungen (46):

$$\frac{dV}{dx} = \frac{\varepsilon k}{2}\int\left(\frac{\xi - x}{R^2}\, i - \frac{\alpha}{R}\right) d\omega \,.$$

Wenn man hierin für den Bruch $\frac{\xi - x}{R}$, welcher den Cosinus des Winkels bedeutet, den der vom Puncte p nach dem Flächenelemente $d\omega$ gezogene Leitstrahl mit den Coordinatenaxen bildet, den im vorigen § eingeführten Buchstaben a setzt, so lautet die Gleichung:

$$\frac{dV}{dx} = \frac{\varepsilon k}{2}\int\left(\frac{ai}{R} - \frac{\alpha}{R}\right) d\omega \,. \tag{51}$$

Hiermit wollen wir den Ausdruck vergleichen, welcher sich für die nach der x-Richtung gehende Kraftcomponente in der Weise, wie es in § 12 geschehen ist, direct ableiten lässt. Die Gleichung (28) dieses § lautet, wenn man darin für $\cos\vartheta$ das gleichbedeutende Zeichen a setzt:

$$X = \varepsilon \iint ka\, dr\, d\sigma \,.$$

Für unseren gegenwärtigen Fall, wo k constant ist, können wir k aus dem Integralzeichen nehmen, und dann die Integration nach r ausführen. Dadurch erhalten wir:

$$X = \varepsilon k \int\left(\pm R_1 \mp R_2 \pm \text{etc.}\right) a d\sigma \,, \tag{52}$$

worin sich die Werthe R_1, R_2 etc. auf die verschiedenen Durchschnitte desselben Leitstrahles mit der Oberfläche beziehen, und die Vorzeichen so zu nehmen sind, wie es in § 17 auseinandergesetzt ist. Führen wir hierin statt $d\sigma$ das Oberflächenelement $d\omega$ ein, so kommt:

$$X = \varepsilon k \int \frac{ai}{R}\, d\omega \,. \tag{53}$$

Dieser für die Kraftcomponente X gefundene Ausdruck ist nun von dem unter (51) gegebenen Ausdrucke von $\frac{dV}{dx}$ verschieden, während doch nach der Bedeutung der Potentialfunction die Grössen X und $\frac{dV}{dx}$ unter einander gleich sein müssen. Eine nähere Untersuchung des Gegenstandes zeigt indessen, dass die beiden Ausdrücke nur der Form nach verschieden, den Werthen nach dagegen, wie ihre Bedeutung es verlangt, gleich sind.

Man kann nämlich aus der Gleichung (52), statt der vorher daraus abgeleiteten Gleichung (53), durch eine andere Art der Umformung auch die folgende Gleichung ableiten:

$$X = -\varepsilon k \int \frac{\alpha}{R} d\omega \,. \qquad \textbf{(54)}$$

Da die Auseinandersetzung dieser Umformung und der dazu nöthigen geometrischen Betrachtungen hier zu sehr aufhalten, und den Gang der übrigen Betrachtungen mehr, als zweckmässig ist, unterbrechen würde, so will ich sie in einem besonderen, am Ende des Buches anzuschliessenden Zusatze[1]) mittheilen, und im Hinweis auf denselben den Satz hier einfach als bewiesen betrachten.

Vereinigt man nun die Gleichungen (53) und (54), so erhält man daraus folgende Gleichung, welche für jede geschlossene Fläche gelten muss:

$$\int \frac{ai}{R} d\omega = -\int \frac{\alpha}{R} d\omega \,. \qquad \textbf{(55)}$$

Mit Hülfe dieser Gleichung kann man, wie leicht ersichtlich ist, die in den Gleichungen (51) und (53) an der rechten Seite stehenden Ausdrücke gegenseitig in einander verwandeln.

Da es übrigens dem Früheren nach als selbstverständlich anzusehen ist, dass die Kraftcomponente X gleich dem Differentialcoefficienten $\frac{dV}{dx}$ sein muss, so könnte man auch die Schlussweise umkehren, und die in (51) und (53) an der rechten Seite stehenden Ausdrücke ohne Weiteres einander gleich setzen, also:

$$\frac{\varepsilon k}{2} \int \left(\frac{ai}{R} - \frac{\alpha}{R} \right) d\omega = \varepsilon k \int \frac{ai}{R} d\omega \,,$$

woraus man dann sofort, ohne die in Zusatz I. angestellten etwas weitläufigen Betrachtungen, zu der geometrisch interessanten Gleichung (55) gelangt.

---

1) Siehe Zusatz I.

Dasselbe, was hier von der Gleichheit der Kraftcomponente X mit dem Differentialcoefficienten $\frac{dV}{dx}$ gesagt ist, lässt sich, wie kaum zu bemerken nöthig ist, auch über die Gleichheit der Kraftcomponente Y mit dem Differentialcoefficienten $\frac{dV}{dy}$ und der Kraftcomponente Z mit dem Differentialcoefficienten $\frac{dV}{dz}$ sagen.

Daraus, dass man für die Differentialcoefficienten erster Ordnung der Potentialfunction die Kraftcomponenten setzen kann, folgt natürlich auch, dass man für die Differentialcoefficienten zweiter Ordnung der Potentialfunction die entsprechenden Differentialcoefficienten erster Ordnung der Kraftcomponenten setzen kann, und dass somit die in den vorigen §§ betrachtete Summe

$$\frac{d^2V}{dx^2} + \frac{d^2V}{dy^2} + \frac{d^2V}{dz^2}$$

sich durch die Summe

$$\frac{dX}{dx} + \frac{dY}{dy} + \frac{dZ}{dz}$$

ersetzen lässt. In der That überzeugt man sich leicht, dass die letztere Summe, mag man darin für die Kraftcomponenten die Ausdrücke von der Form (53), oder die von der Form (54) anwenden, den früher gefundenen Werth, welcher entweder 0 oder $-4\pi\varepsilon k$ ist, annimmt.

§ 20.

Allgemeiner, auch auf nicht homogene Körper anwendbarer Beweis des durch Gleichung (II.) *ausgedrückten Satzes.*

Wir wenden uns nun zum Beweise der Gleichung (II.) für den Fall, wo der Körper nicht als homogen vorausgesetzt wird.

Es soll vorläufig wieder angenommen werden, dass der Punct p nicht in unmittelbarer Nähe der Oberfläche liege, und ferner, dass die Dichtigkeit k des Körpers sich in der Nähe von p nur stetig ändere. Sollten sprungweise Aenderungen der Dichtigkeit im Körper vorkommen, so denken wir uns vorläufig den Punct p von der Stelle, wo dieses stattfindet, um eine endliche Strecke entfernt. Unter diesen Umständen können wir uns um p eine geschlossene Fläche beschrieben denken, welche überall um einen endlichen Abstand von p entfernt ist, und innerhalb deren nur stetige Dichtigkeitsänderungen vorkommen. Auf den von dieser Fläche eingeschlossenen Theil des Körpers können wir dann unsere Betrachtung beschränken, denn der andere Theil, welcher ausserhalb dieser Fläche liegt, und dessen Elemente sich daher alle in endlicher Enffernung von p befinden, kann auf den Werth von ΔV keinen Einfluss haben, da der auf ihn bezügliche Theil von ΔV, unseren früheren Ergebnissen gemäss, Null sein muss. Der Fall, wo der Punct p der Oberfläche des Körpers, oder irgend einer Stelle, wo eine sprungweise Aenderung der Dichtigkeit stattfindet, sich unendlich nähert, soll nachträglich die nöthige Berücksichtigung finden.

Da wir die Gestalt der um p beschriebenen Fläche, welche den zu betrachtenden Körper einschliesst, willkürlich wählen können, so wollen wir der Einfachheit wegen annehmen, die Fläche sei so gestaltet, dass jeder von p ausgehende Leitstrahl sie nur einmal schneide.

Es mögen nun zuerst die Componenten der Kraft, welche der zu betrachtende Körper auf den Punct p ausübt, bestimmt werden, da wir wissen, dass diese Kraftcomponenten mit den ersten Differentialcoefficienten der Potentialfunction identisch sind, und daher statt ihrer zur weiteren Behandlung benutzt werden können.

Für die nach der x-Richtung gehende Componente haben wir die schon im vorigen § citirte Gleichung (28), welche, wenn der Cosinus des Winkels, den der Leitstrahl mit der x-Richtung bildet, mit a bezeichnet wird, lautet:

$$X = \varepsilon \iint ka \, dr \, d\sigma \, .$$

Hierin ist die Integration nach r von 0 bis R, d. h. bis zu demjenigen Werthe, welchen r im Durchschnittspuncte mit der Oberfläche hat, zu nehmen, und die zweite Integration muss dann über den ganzen körperlichen Winkelraum ausgedehnt werden. Da die Grösse a von r unabhängig ist, so kann man die vorige Gleichung auch so schreiben:

$$X = \varepsilon \int d\sigma \, a \int_0^R k \, dr \, . \tag{56}$$

Diesem Ausdrucke wollen wir noch eine etwas andere Gestalt geben. Erstens wollen wir statt des Elementes $d\sigma$ des körperlichen Winkels das Element $d\omega$ der Oberfläche des Körpers einführen. Dazu können wir nach Gleichung (40), in welcher wir für unseren jetzigen Fall, wo jeder Leitstrahl die Oberfläche nur einmal schneidet, also nur Durchschnitte in der Richtung von Innen nach Aussen vorkommen, von den beiden dort stehenden Vorzeichen einfach das positive zu wählen haben, setzen:

$$d\sigma = \frac{i}{R^2} \, d\omega \, ,$$

wodurch die vorige Gleichung übergeht in:

$$X = \varepsilon \int d\omega\, a \frac{i}{R^2} \int_0^R k\, dr\,. \tag{57}$$

Ferner wollen wir das Integral $\int_0^R k\, dr$ etwas umgestalten. Der vorigen Form liegt die Anschauung zu Grunde, dass wir vom Puncte p ausgehend im Leitstrahle bis zur Oberfläche fortschreiten. Nun wollen wir aber umgekehrt von dem Puncte, wo der Leitstrahl die Oberfläche trifft, und wo das Flächenelement $d\omega$ sich befindet, ausgehen, und dann in derselben geraden Linie in entgegengesetzter Richtung nach dem Puncte p fortschreiten. Wählen wir irgend einen Punct dieser Geraden zur Betrachtung aus, so wird der Abstand desselben vom Puncte p dem Obigen nach mit r bezeichnet; wir wollen nun den Abstand desselben Punctes von dem anderen Endpuncte der Geraden, wo sie die Oberfläche schneidet, mit ϱ bezeichnen. Dann ist

$$r = R - \varrho$$
$$dr = -d\varrho\,.$$

Setzen wir demnach in jenem Integrale $-d\varrho$ an die Stelle von dr, und bedenken zugleich, dass dem Grenzwerthe $r = 0$ der Grenzwerth $\varrho = R$, und dem anderen Grenzwerthe $r = R$ der Grenzwerth $\varrho = 0$ entspricht, so kommt:

$$\int_0^R k\, dr = -\int_R^0 k\, d\varrho = \int_0^R k\, d\varrho\,.$$

Durch diese kleine Veränderung nimmt die vorige Gleichung folgende für unseren Zweck bequemere Form an:

$$X = \varepsilon \int d\omega\, a \frac{i}{R^2} \int_0^R k\, d\varrho\,. \tag{58}$$

Aus dieser für die Componente X gefundenen Formel können wir sofort auch diejenigen für die Componenten Y und Z ableiten. Da nämlich a die einzige in der Formel vorkommende Grösse ist, welche auf die x-Axe Bezug hat, so brauchen wir für diese nur die entsprechenden auf die beiden anderen Axen bezüglichen Grössen b und c, (die Cosinus der Winkel, welche der Leitstrahl mit der y- und z-Axe bildet,) zu substituiren. Dabei wollen wir zur Abkürzung noch für das auf ϱ bezügliche Integral einen einfachen Buchstaben einführen, indem wir setzen:

$$H = \int_0^R k\, d\varrho\,. \tag{59}$$

Dann lauten die Ausdrücke der drei Kraftcomponenten:

$$\left.\begin{aligned} X &= \varepsilon\int\frac{ai}{R^2}\,H\,d\omega \\ Y &= \varepsilon\int\frac{bi}{R^2}\,H\,d\omega \\ Z &= \varepsilon\int\frac{ci}{R^2}\,H\,d\omega. \end{aligned}\right\} \qquad (60)$$

Diese Ausdrücke müssen nun, der erste nach x, der zweite nach y und der dritte nach z differentiirt werden, was ohne Weiteres unter den Integralzeichen geschehen kann, da das Oberflächenelement $d\omega$, nach welchem integrirt werden soll, von den Coordinaten x, y, z des Punctes p ganz unabhängig ist.

Zur Ausführung der Differentiation wenden wir folgende, schon in § 18 gegebene Gleichungen an, in welchen ξ, η, ζ die Coordinaten des Punctes der Oberfläche, wo das Element $d\omega$ sich befindet, und α, β, γ die Cosinus der Winkel, welche die auf dem Oberflächenelemente errichtete Normale mit den Coordinatenaxen bildet, bedeuten:

$$R = \sqrt{(\xi-x)^2+(\eta-y)^2+(\zeta-z)^2}$$

$$a = \frac{\xi-x}{R}; \quad b = \frac{\eta-y}{R}; \quad c = \frac{\zeta-z}{R}$$

$$i = a\alpha + b\beta + c\gamma.$$

Hieraus folgt:

$$\frac{ai}{R^2} = \frac{(\xi-x)^2\alpha + (\xi-x)(\eta-y)\beta + (\xi-x)(\zeta-z)\gamma}{[(\xi-x)^2+(\eta-y)^2+(\zeta-z)^2]^2}.$$

Differentiirt man diesen Ausdruck nach x und führt dann wieder die Grössen R, a und i ein, so kommt:

$$\frac{d}{dx}\left(\frac{ai}{R^2}\right) = \frac{-a\alpha + (4a^2-1)i}{R^3}.$$

Diesen Werth hat man einzusetzen in folgende Gleichung:

$$\frac{dX}{dx} = \varepsilon\int\left[\frac{d}{dx}\left(\frac{ai}{R^2}\right).\,H + \frac{ai}{R^2}\cdot\frac{dH}{dx}\right]d\omega.$$

Bildet man dann in entsprechender Weise auch die Differentialcoefficienten der beiden anderen Kraftcomponenten, so erhält man:

$$\left.\begin{aligned} \frac{dX}{dx} &= \varepsilon\int\left[\frac{-a\alpha+(4a^2-1)i}{R^3}\,H + \frac{ai}{R^2}\cdot\frac{dH}{dx}\right]d\omega \\ \frac{dY}{dy} &= \varepsilon\int\left[\frac{-b\beta+(4b^2-1)i}{R^3}\,H + \frac{bi}{R^2}\cdot\frac{dH}{dy}\right]d\omega \\ \frac{dZ}{dz} &= \varepsilon\int\left[\frac{-c\gamma+(4c^2-1)i}{R^3}\,H + \frac{ci}{R^2}\cdot\frac{dH}{dz}\right]d\omega. \end{aligned}\right\} \qquad (61)$$

Addirt man diese drei Gleichungen, und bedenkt dabei, dass man zu setzen hat:

$$a^2 + b^2 + c^2 = 1$$

$$a\alpha + b\beta + c\gamma = i\ ,$$

so heben sich die Glieder, welche H als Factor haben, gegenseitig auf, und es bleibt:

$$\frac{dX}{dx} + \frac{dY}{dy} + \frac{dZ}{dz} = \varepsilon \int \left(a\frac{dH}{dx} + b\frac{dH}{dy} + c\frac{dH}{dz} \right) \frac{i}{R^2}\, d\omega\ . \qquad (62)$$

Es kommt nun noch darauf an die Differentialcoefficienten von H näher zu betrachten. Da das mit H bezeichnete Integral, nämlich:

$$\int_0^R k\, d\varrho\ ,$$

sich über eine Gerade erstreckt, welche in dem Oberflächenpuncte ξ, η, ζ beginnt und in unserem Puncte mit den Coordinaten x, y, z endet, so können wir es als eine Function der sechs Grössen ξ, η, ζ, x, y, z ansehen. Die drei letzten dieser Grössen können den obigen Gleichungen gemäss durch folgende Formeln dargestellt werden:

$$x = \xi - aR$$

$$y = \eta - bR$$

$$z = \zeta - cR\ .$$

Hierin könnten wir noch eine der drei Grössen a, b, c durch die beiden übrigen ausdrücken, oder wir könnten alle drei durch zwei andere Grössen, welche die Richtung der von dem Oberflächenpuncte nach p gehenden Geraden bestimmen, darstellen; indessen ist es für unseren gegenwärtigen Zweck bequemer, einfach die drei Grössen a, b, c beizubehalten. Denken wir uns nun die drei vorigen Formeln in dem Ausdrucke von H für x, y und z substituirt, so erhalten wir einen Ausdruck, welcher die Grössen ξ, η, ζ, a, b, c, R enthält.

Wenn wir nun die Grösse H nach x, y und z differentiiren sollen, so sind dabei die Coordinaten ξ, η, ζ des Oberflächenpunctes als constant anzusehen, und wir können daher die Differentiationen in der Weise ausführen, dass wir uns H durch einen Ausdruck, welcher a, b, c und R als Veränderliche enthält, dargestellt denken, und dann diese vier Veränderlichen wiederum als Functionen von x, y, z betrachten. Auf diese Weise erhalten wir z.B. für den nach x genommenen Differentialcoefficienten folgenden Ausdruck:

$$\frac{dH}{dx} = \frac{dH}{da}\cdot\frac{da}{dx} + \frac{dH}{db}\cdot\frac{db}{dx} + \frac{dH}{dc}\cdot\frac{dc}{dx} + \frac{dH}{dR}\cdot\frac{dR}{dx}\ .$$

Nun ist in Folge der obigen Werthe von a, b, c und R zu setzen:

$$\frac{da}{dx} = \frac{-1+a^2}{R}; \quad \frac{db}{dx} = \frac{ab}{R}; \quad \frac{dc}{dx} = \frac{ac}{R}; \quad \frac{dR}{dx} = -a\,,$$

wodurch die vorige Gleichung übergeht in:

$$\frac{dH}{dx} = \frac{dH}{da} \cdot \frac{-1+a^2}{R} + \frac{dH}{db} \cdot \frac{ab}{R} + \frac{dH}{dc} \cdot \frac{ac}{R} - \frac{dH}{dR}\, a\,,$$

oder anders geordnet:

$$\frac{dH}{dx} = \frac{1}{R}\left[-\frac{dH}{da} + a\left(a\frac{dH}{da} + b\frac{dH}{db} + c\frac{dH}{dc}\right)\right] - a\frac{dH}{dR}\,. \tag{63}$$

Der in dieser Gleichung am Ende stehende Differentialcoefficient $\frac{dH}{dR}$ hat eine sehr einfache Bedeutung. Es ist nämlich:

$$\frac{dH}{dR} = \frac{d}{dR}\int_0^R k\,d\varrho\,, \tag{64}$$

worin k die Dichtigkeit an derjenigen Stelle des Körpers bezeichnet, welche in der betrachteten, den Oberflächenpunct ξ, η, ζ mit dem Punct p verbindenden Geraden vom ersteren Puncte um die Strecke ϱ entfernt ist. Die Lage dieser Stelle und dadurch auch die dort stattfindende Dichtigkeit k ist, wenn der Oberflächenpunct als gegeben vorausgesetzt wird, durch die Grössen a, b, c und ϱ bestimmt. Da ferner bei der Integration nach ϱ die Grössen a, b, c, welche die Richtung der Geraden bestimmen, als constant vorausgesetzt werden, und nur ϱ veränderlich ist, so kann man in dem vorstehenden Integrale k einfach als Function von ϱ ansehen. Nun gilt aber bekanntlich von dem nach der oberen Grenze eines Integrales genommenen Differentialcoefficienten der durch die folgende Gleichung ausgedrückte Satz:

$$\frac{d}{dR}\int_0^R f(\varrho)\,d\varrho = f(R)\,.$$

Wenden wir dieses auf unseren Fall an, so ist $f(R)$ der Werth, welchen die Dichtigkeit k an derjenigen Stelle der Geraden hat, welche um die Strecke R von der Oberfläche entfernt ist, d. h. in unserem Puncte p. Bezeichnen wir diesen speciellen Werth von k mit k_p, so können wir die vorige Gleichung so schreiben:

$$\frac{d}{dR}\int_0^R k\,d\varrho = k_p\,,$$

und dadurch geht die Gleichung (64) über in:

$$\frac{dH}{dR} = k_p\,. \tag{65}$$

Setzen wir diesen Werth in die Gleichung (63) ein, und bilden zugleich die entsprechenden Gleichungen für die beiden anderen Differentialcoefficienten $\frac{dH}{dy}$ und $\frac{dH}{dz}$, so kommt:

$$\left.\begin{aligned} \frac{dH}{dx} &= \frac{1}{R}\left[-\frac{dH}{da} + a\left(a\frac{dH}{da} + b\frac{dH}{db} + c\frac{dH}{dc}\right)\right] - ak_p \\ \frac{dH}{dy} &= \frac{1}{R}\left[-\frac{dH}{db} + b\left(a\frac{dH}{da} + b\frac{dH}{db} + c\frac{dH}{dc}\right)\right] - bk_p \\ \frac{dH}{dz} &= \frac{1}{R}\left[-\frac{dH}{dc} + c\left(a\frac{dH}{da} + b\frac{dH}{db} + c\frac{dH}{dc}\right)\right] - ck_p\,. \end{aligned}\right\} \qquad (66)$$

Multipliciren wir diese Gleichungen, die erste mit a, die zweite mit b und die dritte mit c, und addiren sie, so heben sich an der rechten Seite alle in den eckigen Klammern stehenden Glieder gegenseitig auf, und die drei übrigen Glieder lassen sich in eines zusammenziehen, nämlich:

$$a\frac{dH}{dx} + b\frac{dH}{dy} + c\frac{dH}{dz} = -k_p\,. \qquad (67)$$

Durch Anwendung dieser Gleichung geht die Gleichung (62) über in:

$$\frac{dX}{dx} + \frac{dY}{dy} + \frac{dZ}{dz} = -\varepsilon\int k_p \cdot \frac{1}{R^2}\,d\omega\,.$$

Da k_p eine Grösse ist, welche sich, wenn man von einem Oberflächenelemente zu einem anderen übergeht, nicht ändert, welche also für unsere Integration constant ist, so kann sie aus dem Integralzeichen herausgenommen werden, also:

$$\frac{dX}{dx} + \frac{dY}{dy} + \frac{dZ}{dz} = -\varepsilon k_p\int\frac{1}{R^2}\,d\omega\,. \qquad (68)$$

Nun wollen wir wieder statt des Oberflächenelementes $d\omega$ das Element des körperlichen Winkels $d\sigma$ einführen, indem wir abermals von der im Anfange dieses § angewandten Gleichung

$$d\sigma = \frac{1}{R^2}\,d\omega$$

Gebrauch machen. Dadurch erhalten wir:

$$\frac{dX}{dx} + \frac{dY}{dy} + \frac{dZ}{dz} = -\varepsilon k_p\int d\sigma\,. \qquad (69)$$

Die hierin vorgeschriebene Integration ist über den ganzen körperlichen Winkelraum auszuführen, und giebt daher 4π, wodurch die Gleichung übergeht in:

$$\frac{dX}{dx} + \frac{dY}{dy} + \frac{dZ}{dz} = -4\pi\varepsilon k_p\,. \qquad (70)$$

Ersetzt man schliesslich die in dieser Gleichung vorkommenden Kraftcomponenten durch die Differentialcoefficienten erster Ordnung der Potentialfunction, und somit die Differentialcoefficienten erster Ordnung der Kraftcomponenten durch die entsprechenden Differentialcoefficienten zweiter Ordnung der Potentialfunction, so lautet die Gleichung:

$$\frac{d^2V}{dx^2} + \frac{d^2V}{dy^2} + \frac{d^2V}{dz^2} = -4\pi\varepsilon k_p ,$$

oder anders geschrieben:

$$\Delta V = -4\pi\varepsilon k_p .$$

Wir sind somit durch eine Reihe von ganz einfachen und nur auf den Grundprincipien der Differential- und Integralrechnung beruhenden algebraischen Operationen zu der zu beweisenden Gleichung gelangt.

§ 21.

Verallgemeinerung der Bedeutung der im vorstehenden § gegebenen Formeln, so dass sie für jeden beliebig gestalteten Körper, und sowohl für einen ausserhalb als für einen innerhalb des Körpers liegenden Punct gelten.

Im vorstehenden Beweise, in welchem vorausgesetzt wurde, dass der Punct p sich in endlicher Entfernung von der Oberfläche des gegebenen Körpers befinde, haben wir in Bezug auf die Gestalt des zu betrachtenden Körpers eine vereinfachende Annahme machen können, die dahin ging, dass der Körper so gestaltet sei, dass jeder von p ausgehende Leitstrahl die Oberfläche nur einmal schneide. Wenn nämlich die Oberfläche des gegebenen Körpers dieser Bedingung nicht entsprach, so brauchten wir nicht den ganzen Körper zu betrachten, sondern konnten uns aus demselben durch eine den Punct p in endlicher Entfernung umgebende, der Bedingung entsprechende Fläche einen kleineren Körper ausgeschnitten denken, und konnten dann die Betrachtung auf diesen letzteren beschränken, indem für den ausserhalb dieser Fläche liegenden Theil des gegebenen Körpers jedenfalls die Gleichung $\Delta V = 0$ gelten muss.

Wenn wir nun aber auch solche Fälle in die Untersuchung ziehen wollen, wo der Punct p der Oberfläche unendlich nahe liegt, so können wir jene vereinfachende Bedingung über die Gestalt des Körpers nicht stellen, sondern müssen wenigstens den dem Puncte p zunächst liegenden Theil der Oberfläche in seiner ursprünglich gegebenen Gestalt beibehalten. Ich will daher, bevor wir zur Untersuchung des speciellen Falles, wo p in der Nähe der Oberfläche liegt, übergehen, nachweisen, dass jene zur Erleichterung der Anschauung gestellte vereinfachende Bedingung über die

Gestalt der Oberfläche keine wesentliche ist, sondern dass alle im vorigen § entwickelten Formeln auch gültig bleiben, wenn der betrachtete Körper eine ganz beliebige Gestalt hat. Dabei wird sich zugleich herausstellen, dass die Formeln nicht blos auf einen innerhalb des Körpers liegenden, sondern auch auf einen ausserhalb des Körpers liegenden Punct anwendbar sind.

Zu diesem Zwecke möge folgende etwas abgeänderte Betrachtungsweise des Gegenstandes eingeführt werden.

Innerhalb des gegebenen Körpers wird, wie wir voraussetzen, die Dichtigkeit k durch eine sich nur stetig ändernde Function der Raumcoordinaten dargestellt. Wir wollen uns nun diese Function in irgend einer stetigen Weise auch über die Grenzen des Körpers hinaus fortgesetzt denken, so dass k eine überall stetige Function bedeute, welche nicht nur innerhalb, sondern auch ausserhalb des gegebenen Körpers gültig ist. Demnach soll also in einem ausserhalb des Körpers liegenden Puncte unter k nicht die dort wirklich stattfindende Dichtigkeit Null, sondern diejenige Dichtigkeit verstanden werden, welche dort stattfinden würde, wenn der Körper mit der durch dieselbe Function ausgedrückten Dichtigkeit bis zu diesem Puncte reichte.

Um nun für irgend einen innerhalb oder ausserhalb des gegebenen Körpers liegenden Punct p die in die x-Richtung fallende Kraftcomponente X zu bestimmen, gehen wir wieder, wie im vorigen §, von der Gleichung (28) aus, welche wir in folgender Form schreiben wollen:

$$X = \varepsilon \int d\sigma\, a \int k\, dr\ .$$

Hierin denken wir uns zuerst die Integration nach r, nämlich:

$$\int k\, dr$$

ausgeführt. In diesem Integrale müssen die Grenzen in der Weise gewählt werden, wie es der Gestalt des Körpers und der Lage des Punctes p entspricht.

Befindet sich p innerhalb des Körpers, so schneidet der Leitstrahl die Oberfläche entweder ein Mal oder drei Male oder eine andere jedenfalls ungerade Anzahl von Malen, und es liegt der Theil des Leitstrahles von p bis zum ersten Durchschnitte innerhalb des gegebenen Körpers, der Theil vom ersten bis zum zweiten Durchschnitte ausserhalb des Körpers, der Theil vom zweiten bis zum dritten Durchschnitte innerhalb des Körpers u. s. f.

Da nun die Integration nur für die Theile des Leitstrahles auszuführen ist, welche innerhalb des gegebenen Körpers liegen, so erhalten wir, wenn wir die Werthe von r an den Durchschnittspuncten der Reihe nach mit R_1, R_2, R_3 etc. bezeichnen, folgende Summe von Integralen:

$$\int_0^{R_1} kdr + \int_{R_2}^{R_3} kdr + \text{etc.}$$

Statt die Summe in dieser Form zu schreiben, wollen wir uns eine Reihe von Integralen gebildet denken, deren jedes von Null bis zu einem der Durchschnitte mit der Oberfläche geht. Dabei setzen wir für die Theile des Leitstrahles, welche ausserhalb des Körpers liegen, nicht $k = 0$, sondern wenden die Werthe von k an, welche der angenommenen sowohl ausserhalb als innerhalb des Körpers gültigen Function entsprechen. Die so erhaltenen Integrale haben wir abwechselnd mit dem positiven und negativen Vorzeichen zu versehen, und erhalten dadurch statt der vorigen Summe die folgende gleichbedeutende Summe:

$$\int_0^{R_1} kdr - \int_0^{R_2} kdr + \int_0^{R_3} kdr - \text{etc.}$$

Befindet sich p ausserhalb des Körpers, so schneidet jeder Leitstrahl die Oberfläche eine gerade Anzahl von Malen, und es liegt der Theil von p bis zum ersten Durchschnitte ausserhalb des Körpers, der Theil vom ersten bis zum zweiten Durchschnitte innerhalb des Körpers u. s. f. Die Summe der Integrale lautet also:

$$\int_{R_1}^{R_2} kdr + \text{etc.},$$

oder wenn wir wieder ebenso, wie vorher, verfahren:

$$-\int_0^{R_1} kdr + \int_0^{R_2} kdr - \text{etc.}$$

Durch Einsetzung dieser Ausdrücke nimmt die zur Bestimmung von X dienende Gleichung folgende Formen an. Wenn p innerhalb des Körpers liegt:

$$X = \varepsilon \int d\sigma\, a \left(\int_0^{R_1} kdr - \int_0^{R_2} kdr + \int_0^{R_3} kdr - \text{etc.} \right). \tag{71}$$

Wenn p ausserhalb des Körpers liegt:

$$X = \varepsilon \int d\sigma\, a \left(-\int_0^{R_1} kdr + \int_0^{R_2} kdr - \text{etc.} \right). \tag{71 a}$$

Hierin führen wir nun statt des Elementes des körperlichen Winkels $d\sigma$ das Element der Oberfläche $d\omega$ ein, nach der Gleichung:

$$d\sigma = \pm \frac{i}{R^2} d\omega .$$

Dabei ist, ganz so wie es in § 17 schon auseinandergesetzt wurde, zu bemerken, dass zu jedem Elemente $d\sigma$ so viele Elemente $d\omega$ gehören, wie der betreffende Leitstrahl Durchschnitte mit der Oberfläche hat, also gerade so viele, wie in den beiden vorstehenden Gleichungen innerhalb der Klammern Integrale nach r stehen; ferner, dass von den beiden Vorzeichen dann das positive anzuwenden ist, wenn das betreffende Integral das positive Vorzeichen hat, und dann das negative, wenn das Integral das negative Vorzeichen hat. Dadurch vereinfachen sich die Ausdrücke, und nehmen beide eine und dieselbe Form an, nämlich:

$$X = \varepsilon \int d\omega\, a \frac{i}{R^2} \int_0^R k dr ,$$

worin R die Länge des Leitstrahles nach dem betreffenden Oberflächenelemente bedeutet, und die zweite Integration über die ganze Oberfläche auszuführen ist.

Statt des Integrales nach r können wir, wie es im vorigen § geschehen ist, das entsprechende Integral nach $\varrho = R - r$ setzen, und zur Abkürzung möge für dieses Integral wieder ein einfacher Buchstabe eingeführt werden, indem wir setzen:

$$H = \int_0^R k dr = \int_0^R k d\varrho .$$

Wenn wir dann noch neben dem für die Componente X gefundenen Ausdrucke die entsprechenden auf die Componenten Y und Z bezüglichen Ausdrücke bilden, so erhalten wir:

$$X = \varepsilon \int \frac{ai}{R^2} H\, d\omega$$

$$Y = \varepsilon \int \frac{bi}{R^2} H\, d\omega$$

$$Z = \varepsilon \int \frac{ci}{R^2} H\, d\omega .$$

Dieses sind die im vorigen § unter (60) gegebenen Gleichungen, welche aber durch die hier ausgeführte Entwickelung eine erweiterte Bedeutung gewonnen haben, indem sie auf Körper von beliebiger Gestalt anwendbar sind, und ausserdem nicht nur für den Fall gelten, wenn p

sich innerhalb des Körpers befindet, sondern auch für den Fall, wenn p ausserhalb desselben liegt.

Mit diesen Ausdrücken können wir nun dieselben Rechnungen anstellen, wie im vorigen §, und gelangen dadurch zu der unter (68) angeführten Gleichung:

$$\frac{dX}{dx} + \frac{dY}{dy} + \frac{dZ}{dz} = -\varepsilon k_p \int \frac{i}{R^2} d\omega \,,$$

oder anders geschrieben:

$$\Delta V = -\varepsilon k_p \int \frac{i}{R^2} d\omega \,. \tag{72}$$

Das hierin vorkommende Integral ist ganz dasselbe, wie das, welches auch in der in § 18 für einen homogenen Körper abgeleiteten Gleichung (49) vorkam, und wir können daher dasjenige, was dort über den Werth dieses Integrales gesagt wurde, auch hier ohne Weiteres anwenden. Es wurde nämlich nachgewiesen, dass für den Fall, wenn p ausserhalb des Körpers liegt, das Integral $= 0$, und für den Fall, wenn p innerhalb des Körpers liegt, das Integral $= 4\pi$ ist. Daraus ergiebt sich, dass die vorige Gleichung für diese beiden Fälle die verschiedenen Formen, um die es sich handelt, annimmt, nämlich:

$$\Delta V = 0$$

$$\Delta V = -4\pi\varepsilon k_p \,.$$

§ 22.

Specielle Betrachtung des Falles, wenn der Punct p sich in unmittelbarer Nähe der Oberfläche befindet.

Es bleibt nun noch zu untersuchen, wie die in den vorigen §§ betrachteten Differentialcoefficienten erster Ordnung der Kraftcomponenten, oder die entsprechenden Differentialcoefficienten zweiter Ordnung der Potentialfunction sich verhalten, wenn p, sei es innerhalb, sei es ausserhalb des Körpers, sich der Oberfläche unendlich nähert, ob sie auch dann stets bestimmte endliche Werthe behalten, deren Summe entweder 0 oder $-4\pi\varepsilon k_p$ ist, oder ob sie in unendlicher Nähe der Oberfläche unendlich grosse Werthe annehmen, wodurch dann über den Werth ihrer Summe Zweifel entstehen könnten.

Wir gehen von den unter (60) gegebenen Ausdrücken von X, Y, Z aus, deren erweiterte Gültigkeit im vorigen § nachgewiesen ist. Durch Differentiation derselben erhält man die schon unter (61) angeführten Gleichungen, welche hier noch einmal wiederholt werden mögen:

$$\frac{dX}{dx} = \varepsilon \int \left[\frac{-a\alpha + (4a^2-1)i}{R^3} H + \frac{ai}{R^2} \cdot \frac{dH}{dx} \right] d\omega$$

$$\frac{dY}{dy} = \varepsilon \int \left[\frac{-b\beta + (4b^2-1)i}{R^3} H + \frac{bi}{R^2} \cdot \frac{dH}{dy} \right] d\omega$$

$$\frac{dZ}{dz} = \varepsilon \int \left[\frac{-c\gamma + (4c^2-1)i}{R^3} H + \frac{ci}{R^2} \cdot \frac{dH}{dz} \right] d\omega \,.$$

Die hierin unter den Integralzeichen stehenden Ausdrücke enthalten Potenzen der Grösse R, nämlich des Abstandes des betreffenden Oberflächenelementes $d\omega$ vom Puncte p, in den Nennern. Da nun, wenn der Punct p der Oberfläche unendlich nahe ist, für die ihm zunächst liegenden Elemente der Oberfläche R unendlich klein wird, so kann die Frage entstehen, ob dessenungeachtet alle Integrale bestimmte endliche Werthe behalten, oder ob vielleicht einzelne derselben unendlich gross werden.

Um diese Frage zu entscheiden, wollen wir wieder untersuchen, ob die Integralausdrücke sich so umgestalten lassen, dass für alle Elemente derjenigen Grösse, nach welcher integrirt werden soll, die zu integrirende Function endlich bleibt.

In dieser Beziehung lassen sich alle diejenigen Glieder der obigen Ausdrücke, welche die Grösse i als Factor haben, sehr kurz abmachen. Nämlich dadurch, dass wir das Oberflächenelement $d\omega$, welches wir in die Ausdrücke von X, Y, Z statt des Elementes des körperlichen Winkels $d\sigma$ eingeführt haben, um unter den Integralzeichen nach x, y, z differentiiren zu können, nach geschehener Differentiation wieder durch das Element des körperlichen Winkels ersetzen, indem wir die bekannte Gleichung

$$d\sigma = \pm \frac{i}{R^2} d\omega$$

anwenden. Die drei Gleichungen lauten dann:

$$\left.\begin{aligned}
\frac{dX}{dx} &= -\varepsilon \int \frac{H}{R} \cdot \frac{a\alpha}{R^2} d\omega + \varepsilon \int \pm \left[(4a^2-1) \frac{H}{R} + a \frac{dH}{dx} \right] d\sigma \\
\frac{dY}{dy} &= -\varepsilon \int \frac{H}{R} \cdot \frac{b\beta}{R^2} d\omega + \varepsilon \int \pm \left[(4b^2-1) \frac{H}{R} + b \frac{dH}{dy} \right] d\sigma \\
\frac{dZ}{dz} &= -\varepsilon \int \frac{H}{R} \cdot \frac{c\gamma}{R^2} d\omega + \varepsilon \int \pm \left[(4c^2-1) \frac{H}{R} + c \frac{dH}{dz} \right] d\sigma \,,
\end{aligned}\right\} \quad (73)$$

wobei in den auf $d\sigma$ bezüglichen Integralen von den in den eckigen Klammern stehenden Ausdrücken so viele Werthe zu nehmen sind, wie Durchschnitte des betreffenden Leitstrahles mit der Oberfläche vorkommen, und zwar mit dem + oder — Zeichen, je nachdem der Leitstrahl an der Durchschnittsstelle, indem er wächst, aus dem Körper heraus oder in den Körper hineintritt.

Die in den eckigen Klammern stehenden Ausdrücke bleiben nun offenbar für alle vorkommenden Elemente $d\sigma$ endlich. Da nämlich

$$H = \int_0^R k\,d\varrho$$

ist, so sieht man leicht, dass der Bruch $\frac{H}{R}$ endlich bleiben muss, sofern die Grösse k in dem zu betrachtenden Raume nirgends unendlich gross wird, was wir voraussetzen. Ebenso ist klar, dass die Differentialcoefficienten $\frac{dH}{dx}$, $\frac{dH}{dy}$, $\frac{dH}{dz}$ endlich bleiben müssen, sofern die Grösse k in dem zu betrachtenden Raume keine sprungweisen Aenderungen erleidet, welche Bedingung ebenfalls bei der Art, wie im vorigen § die Grösse k definirt wurde, erfüllt ist, selbst für Puncte, welche sich gerade in der Oberfläche befinden. Im Uebrigen kommen nur die Grössen a, b und c vor, welche Cosinus von Winkeln bedeuten, und also nicht unendlich gross werden können. Demnach ist von denjenigen in den Gleichungen (73) vorkommenden Integralen, welche sich auf $d\sigma$ beziehen, ohne Weiteres klar, dass sie die oben gestellte Bedingung, dass die zu integrirenden Ausdrücke für alle Elemente $d\sigma$ endlich bleiben, erfüllen.

Es bleiben also nur noch die drei Integrale:

$$\int \frac{H}{R} \cdot \frac{a\alpha}{R^2}\,d\omega\,; \quad \int \frac{H}{R} \cdot \frac{b\beta}{R^2}\,d\omega\,; \quad \int \frac{H}{R} \cdot \frac{c\gamma}{R^2}\,d\omega$$

zu betrachten. Von diesen kann noch eines auf die beiden anderen zurückgeführt werden, z. B. das letzte auf die beiden ersten. Wir können nämlich gemäss der Gleichung

$$i = a\alpha + b\beta + c\gamma$$

in dem letzten Integrale statt $c\gamma$ schreiben:

$$i - a\alpha - b\beta\,,$$

und dann wieder $\frac{i}{R^2}\,d\omega$ durch $\pm\,d\sigma$ ersetzen, wodurch kommt:

$$\int \frac{H}{R} \cdot \frac{c\gamma}{R^2}\,d\omega = \int \pm \frac{H}{R}\,d\sigma - \int \frac{H}{R} \cdot \frac{a\alpha}{R^2}\,d\omega - \int \frac{H}{R} \cdot \frac{b\beta}{R^2}\,d\omega\,. \tag{74}$$

Hierin bedarf das auf $d\sigma$ bezügliche Integral nach dem schon vorhin Gesagten keiner weiteren Besprechung, und die übrigen an der rechten Seite stehenden Integrale sind die beiden ersten der drei oben genannten Integrale.

Die nähere Untersuchung dieser Integrale wollen wir hier, um nicht zu weitläufig zu werden, nur in der Weise ausführen, dass wir für die Coordinatenaxen bestimmte, bei der Betrachtung bequeme Richtungen wählen. Wir denken uns von dem zu betrachtenden Puncte p eine Normale auf die Oberfläche gefällt, und wählen dann die Richtung der z-Axe dieser Normale parallel. Da der Anfangspunct der Coordinaten beliebig angenommen werden kann, ohne dass dadurch die Allgemeinheit der Untersuchung eine weitere Beschränkung erleidet, so wollen wir den Fusspunct der Normale als Anfangspunct der Coordinaten und demnach die Normale selbst als z-Axe und die im Fusspuncte an die Oberfläche gelegte Tangentialebene als xy-Ebene nehmen. Unter diesen Umständen sind die Coordinaten x und y des Punctes p gleich Null, und die unter (43) § 18 zur Bestimmung von a und b gegebenen Ausdrücke lauten daher für einen Punct der Oberfläche, dessen Coordinaten ξ, η, ζ sind:

$$a = \frac{\xi}{R}; \quad b = \frac{\eta}{R},$$

welche Ausdrücke in unsere Integrale einzusetzen sind.

Was die Ausdehnung der Integrationen betrifft, so können wir dieselbe auf den Theil der Oberfläche beschränken, dessen Elemente sehr nahe an p liegen, denn für alle entfernteren Elemente der Oberfläche, für welche R nicht mehr unendlich klein ist, können die unter den Integralzeichen stehenden Ausdrücke nicht unendlich gross werden, und die den entfernteren Theilen der Oberfläche entsprechenden Theile der Integrale bedürfen daher keiner besonderen Untersuchung. Die so beschränkten Integrale wollen wir mit A und B bezeichnen, so dass wir nach Einführung der vorher gegebenen Werthe von a und b schreiben können:

$$A = \int \frac{H}{R} \cdot \frac{\xi\alpha}{R^3} d\omega; \quad B = \int \frac{H}{R} \cdot \frac{\eta\beta}{R^3} d\omega. \tag{75}$$

worin die Integrale sich über ein sehr kleines Flächenstück um den Anfangspunct der Coordinaten erstrecken sollen.

Wenn nun die Gleichung der Oberfläche in der Form

$$\zeta = f(\xi, \eta) \tag{76}$$

gegeben ist, so sind die Cosinus der Winkel, welche die an irgend einem Puncte der Fläche errichtete Normale mit den Coordinatenaxen bildet, durch folgende Formeln bestimmt:

$$\alpha = -\frac{\frac{d\zeta}{d\xi}}{\sqrt{1+\left(\frac{d\zeta}{d\xi}\right)^2+\left(\frac{d\zeta}{d\eta}\right)^2}}$$

$$\beta = -\frac{\frac{d\zeta}{d\eta}}{\sqrt{1+\left(\frac{d\zeta}{d\xi}\right)^2+\left(\frac{d\zeta}{d\eta}\right)^2}}$$

$$\gamma = \frac{1}{\sqrt{1+\left(\frac{d\zeta}{d\xi}\right)^2+\left(\frac{d\zeta}{d\eta}\right)^2}} .$$

Mit Hülfe der letzten dieser drei Gleichungen gehen die beiden ersten über in:

$$\left.\begin{aligned} \alpha &= -\frac{d\zeta}{d\xi}\gamma \\ \beta &= -\frac{d\zeta}{d\eta}\gamma . \end{aligned}\right\} \tag{77}$$

Setzen wir den Werth von α in die erste der Gleichungen (75) ein, so kommt:

$$A = -\int \frac{H}{R} \cdot \frac{\xi \frac{d\zeta}{d\xi}}{R^3} \gamma d\omega . \tag{78}$$

Das Product $\gamma d\omega$ ist die Projection des Elementes $d\omega$ auf die xy-Ebene, oder, wenn wir uns das ganze betrachtete Flächenstück auf die xy-Ebene projicirt denken, so können wir $\gamma d\omega$ als ein Element dieser Projection ansehen, und dann die Integration auf die letztere beziehen. Wir führen dazu Polarcoordinaten in der xy-Ebene um den Anfangspunct der rechtwinkligen Coordinaten ein, indem wir den nach irgend einem Puncte der Ebene gezogenen Leitstrahl mit u, und den Winkel, welchen dieser mit der x-Axe bildet, mit φ bezeichnen. Dann wird ein Element der Ebene dargestellt durch:

$$u du\, d\varphi$$

und diesen Ausdruck können wir daher für $\gamma d\omega$ setzen. Wenn wir dabei zugleich berücksichtigen, dass

$$\xi = u \cos\varphi$$

ist, so geht (78) über in:

$$A = -\iint \frac{H}{R} \cdot \frac{\cos\varphi \frac{d\zeta}{d\xi} u^2}{R^3} du\, d\varphi . \tag{79}$$

Hierin müssen wir endlich noch den Differentialcoefficienten $\frac{d\zeta}{d\xi}$ näher betrachten. Im Anfangspuncte der Coordinaten sind, da die xy-Ebene in diesem Puncte Tangentialebene ist, die beiden Differentialcoefficienten $\frac{d\zeta}{d\xi}$ und $\frac{d\zeta}{d\eta}$ gleich Null, und für die Umgebung dieses Punctes können wir, wenn die hier stattfindende Krümmung der Oberfläche als endlich vorausgesetzt wird, setzen:

$$\frac{d\zeta}{d\xi} = mu \; ; \quad \frac{d\zeta}{d\eta} = nu \, , \tag{80}$$

worin m und n zwei Functionen von u und φ sind, welche für kleine Werthe von u nicht unendlich gross werden. Die Gleichung (79) lässt sich also schreiben:

$$A = -\iint \frac{H}{R} \cdot \frac{m \cos \varphi . u^3}{R^3} \, du \, d\varphi \, . \tag{81}$$

In derselben Weise kann man auch das Integral B behandeln, und erhält dadurch:

$$B = -\iint \frac{H}{R} \cdot \frac{n \sin \varphi . u^3}{R^3} \, du \, d\varphi \, . \tag{82}$$

Da nun die Grösse R, welche durch die Gleichung

$$R = \sqrt{u^2 + (\zeta - z)^2}$$

bestimmt ist, nicht kleiner als u werden kann, so kann der Bruch $\frac{u^3}{R^3}$ nicht unendlich gross werden, und dasselbe gilt auch, wie schon erwähnt, von dem Bruche $\frac{H}{R}$. Demnach sind die Integrale A und B in eine Form gebracht, in welcher sie der Bedingung genügen, dass die zu integrirende Function für alle vorkommenden Werthe der Veränderlichen, nach welchen integrirt werden soll, endlich bleibt.

Nachdem gezeigt ist, dass die Differentialcoefficienten $\frac{dX}{dx}, \frac{dY}{dy}, \frac{dZ}{dz}$ auch bei unendlicher Annäherung an die Oberfläche immer bestimmte endliche Werthe behalten, kann auch kein Zweifel darüber entstehen, dass die mit ΔV bezeichnete Summe dieser drei Differentialcoefficienten im äusseren und inneren Raume die Werthe 0 und $-4\pi\varepsilon k_p$ bis dicht an die Oberfläche behält. Im Momente, wo der Punct p die Oberfläche durchschreitet, und aus dem äusseren leeren Raume in den Körper hineintritt, ändern die Elemente $d\sigma$ zum Theil plötzlich ihr Vorzeichen, und dadurch entsteht die sprungweise Aenderung des Werthes von ΔV.

§ 23.

Einfluss des Umstandes, wenn die Krümmung der Oberfläche an der betreffenden Stelle unendlich gross ist.

Bei der vorigen Auseinandersetzung wurde vorausgesetzt, dass die Krümmung an der betreffenden Stelle endlich sei; aber auch diese Voraussetzung ist keine durchaus nothwendige. Nehmen wir an, dass statt der Gleichungen (80) die folgenden Gleichungen gelten:

$$\frac{d\zeta}{d\xi} = mu^{\mu}; \quad \frac{d\zeta}{d\eta} = nu^{\nu}, \tag{83}$$

so ist, wenn die Exponenten μ und $\nu < 1$ sind, die Krümmung an dem betreffenden Puncte, welcher zugleich der Anfangspunct der Coordinaten ist, unendlich gross. Dessenungeachtet behalten die Integrale A und B bestimmt angebbare endliche Werthe, so lange nur die Exponenten angebbare positive Werthe haben.

Setzen wir nämlich in (79) für $\frac{d\zeta}{d\xi}$ die obengegebene Formel ein, so kommt statt der Gleichung (81), wenn wir zugleich für R seinen Werth substituiren:

$$A = -\iint \frac{H}{R} \cdot \frac{m \cos\varphi\, u^{2+\mu}}{[u^2 + (\zeta - z)^2]^{\frac{3}{2}}}\, du\, d\varphi .$$

Hierin wollen wir die neue Veränderliche u' einführen mit der Bedeutung:

$$u' = u^{\mu},$$

woraus folgt:

$$u = u'^{\frac{1}{\mu}}$$

$$du = \frac{1}{\mu} u'^{\frac{1}{\mu} - 1}\, du'.$$

Dadurch geht der Ausdruck über in:

$$A = -\frac{1}{\mu} \iint \frac{H}{R} \cdot \frac{m \cos\varphi\, u'^{\frac{3}{\mu}}}{\left[u'^{\frac{2}{\mu}} + (\zeta - z)^2\right]^{\frac{3}{2}}}\, du'\, d\varphi . \tag{84}$$

Hierin kann der Nenner nicht kleiner als $u'^{\frac{3}{\mu}}$ werden, und die zu integrirende Function bleibt also endlich. Dasselbe gilt natürlich auch von dem Integrale B, welches sich vom vorigen nur dadurch unterscheidet, dass n an die Stelle von m, ν an die Stelle von μ und $\sin\varphi$ an die Stelle von $\cos\varphi$ tritt.

Nur dann hören diese Schlüsse auf gültig zu sein, wenn die Körperoberfläche an der Stelle, wo der Punct p sich befindet, so gestaltet ist, dass auch die Gleichungen (83) mit angebbaren positiven Werthen von μ und ν nicht mehr angewandt werden können, wenn also, wie Gauss es bei einer anderen Gelegenheit ausdrückt[1], die Differentialcoefficienten $\frac{d\zeta}{d\xi}$ und $\frac{d\xi}{d\eta}$ mit keiner Potenz von u mehr zu einerlei Ordnung gehören. Dieses ist insbesondere der Fall bei absolut scharfen Spitzen und Kanten, bei denen es gar keine bestimmte Tangentialebene giebt. Indessen sind auch Fälle denkbar, wo noch eine bestimmte Tangentialebene vorhanden ist, und doch die Gleichungen (83) nicht gelten. Gauss führt als ein Beispiel der Art an, wenn die Differentialcoefficienten von der Ordnung $\frac{1}{\log \frac{1}{u}}$ wären. Solche Fälle können in Bezug auf die vorliegende Frage denen zugesellt werden, wo die Fläche wirkliche Spitzen und Kanten bildet. Was diese letzteren Fälle anbetrifft, so kann man sich leicht davon überzeugen, dass bei unendlicher Annäherung an eine Spitze oder Kante die Differentialcoefficienten $\frac{dX}{dx}$, $\frac{dY}{dy}$ und $\frac{dZ}{dz}$ einzeln unendlich gross werden; und wenn in ihrer Summe die unendlich grossen Glieder sich der Form nach auch gegenseitig aufheben, so kann man doch einer algebraischen Summe, in der unendlich grosse Glieder vorkommen, nicht ohne Weiteres einen bestimmten endlichen Werth zuschreiben.

§ 24.

Zurückführung des Falles, wenn in der Nähe von p eine sprungweise Aenderung der Dichtigkeit stattfindet, auf den vorigen.

Auf den in den beiden vorigen §§ betrachteten Fall, wenn der Punct p sich in der Nähe der Oberfläche befindet, lässt sich auch der Fall zurückführen, wenn p zwar tief im Innern des Körpers liegt, aber die Dichtigkeit des Körpers in der Nähe dieses Punctes eine sprungweise Aenderung erleidet.

Es sei ein Körper gegeben, der durch eine innere Fläche in zwei Theile getheilt wird, welche sich in Bezug auf ihre Dichtigkeit verschieden verhalten. Die Dichtigkeit des einen sei durch k' dargestellt, welches Zeichen eine Function der Raumcoordinaten bedeuten soll, die sich nur

1) Allgemeine Lehrsätze u. s. w. S. 25.

stetig ändert. Die Dichtigkeit des andern sei $k' + k''$, worin k' dieselbe Function ist, wie vorher, und k'' eine andere Function, die sich, soweit sie gilt, ebenfalls nur stetig ändert, die aber von jener Fläche an, obwohl sie in derselben noch einen endlichen Werth hat, nach der einen Seite hin ungültig wird, so dass also der Werth, welchen k'' in der Fläche hat, die Grösse des Sprunges darstellt. Dann denken wir uns in dem Raume, wo die Dichtigkeit $k' + k''$ ist, zwei Körper so über einander gelagert, dass sie beide denselben Raum ausfüllen, einen mit der Dichtigkeit k' und den anderen mit der Dichtigkeit k''. Der erstere bildet mit dem an der entgegengesetzten Seite der Fläche befindlichen Körpertheile einen zusammenhängenden Körper, dessen Dichtigkeit überall durch die stetige Function k' dargestellt wird, und welchen wir C' nennen wollen. Den letzteren dagegen, mit der Dichtigkeit k'', betrachten wir als einen für sich bestehenden Körper, welcher C'' heisse, und welcher jene Trennungsfläche als einen Theil seiner Oberfläche hat.

Hiernach kann man sich die Potentialfunction V des ganzen gegebenen Körpers in die Potentialfunctionen V' und V'' der beiden Körper C' und C'' zerlegt denken. Dann hat man:

$$V = V' + V''$$

und daraus folgt:

$$\Delta V = \Delta V' + \Delta V''.$$

Die erste der beiden rechts stehenden Grössen ändert sich, wenn der Punct p die Trennungsfläche durchschreitet, nur stetig, weil der Punct dabei im Innern des Körpers C' bleibt, und sie wird an beiden Seiten der Fläche durch $-4\pi\varepsilon k'_p$ dargestellt, worin k'_p den bestimmten Werth der Function k' im Puncte p bedeutet. Die zweite Grösse dagegen ändert sich sprungweise. An der einen Seite der Fläche (d. h. ausserhalb des Körpers C''), bis dicht an die Fläche hinan, ist sie $= 0$; an der anderen Seite (d. h. innerhalb des Körpers C'') ebenfalls bis dicht an die Fläche hinan, ist sie $= -4\pi\varepsilon k''_p$. Wir erhalten also im Ganzen:

an der einen Seite der Fläche $\Delta V = -4\pi\varepsilon k'_p$

» » andern » » » $\Delta V = -4\pi\varepsilon(k'_p + k''_p)$.

Bezeichnen wir, wie früher, die ganze Dichtigkeit mit k, wobei k aber jetzt eine Function darstellt, die eine Unterbrechung der Stetigkeit erleidet, indem an der einen Seite der Fläche $k = k'$, und an der anderen

$k = k' + k''$ ist, so können wir die beiden vorigen Gleichungen in Eine überall gültige Gleichung zusammenfassen:

$$\Delta V = -4\pi\varepsilon k_p ,$$

welches wieder unsere Gleichung (II) ist. In der Fläche selbst hat die Dichtigkeit keinen bestimmten Werth, und die Gleichung drückt daher aus, dass in dieser Fläche auch ΔV unbestimmt ist.

Nur in dem Falle, wenn in unmittelbarer Nähe des Punctes p eine sprungweise Aenderung der Dichtigkeit stattfindet, und zugleich die Fläche, in welcher sie stattfindet, an der betreffenden Stelle eine Spitze oder Kante bildet, tritt eine Unbestimmtheit ein, gerade so, wie in dem entsprechenden Falle in der Nähe der Oberfläche.

§ 25.

Anhäufung eines Agens auf einer Fläche.

Es kommt zuweilen der Fall vor, dass man eine Quantität eines Agens zu betrachten hat, von welcher man annimmt, dass sie nicht einen Raum stetig ausfüllt, sondern nur über eine Fläche stetig verbreitet ist. So ist es z. B. bekannt, dass Electricität, welche einem leitenden Körper mitgetheilt wird, im Gleichgewichtszustande nicht das Innere des Körpers erfüllt, sondern nur an der Oberfläche desselben angehäuft ist. Es kann zwar in der Wirklichkeit nicht eine mathematische Fläche sein, welche die Electricitätsmenge enthält, sondern man muss sich eine Schicht von sehr geringer Dicke denken; indessen in der Rechnung wird bei den meisten Untersuchungen diese Dicke vernachlässigt, und man denkt sich die ganze Electricitätsmenge in einer mathematischen Fläche befindlich.

Wir müssen nun untersuchen, ob unter dieser Bedingung die Potentialfunction und ihre Differentialcoefficienten neue bemerkenswerthe Eigenschaften zeigen.

§ 26.

Bestimmung der Potentialfunction für eine gleichförmig mit dem Agens bedeckte ebene Figur.

Wir wollen zunächst wieder einen einfachen speciellen Fall zur Betrachtung auswählen, welcher besonders geeignet ist, die mit dieser Bedingung verknüpften Eigenthümlichkeiten klar hervortreten zu lassen, und nach dessen Behandlung dann die allgememeine Betrachtung kürzer gefasst werden kann, als es sonst ohne Beeinträchtigung der Verständlichkeit möglich wäre. Wir wollen nämlich vorläufig annehmen, dass die mit dem Agens bedeckte Fläche ein Stück einer Ebene, und dass die Vertheilung des Agens über dieselbe gleichförmig sei.

Wenn die auf einem Elemente $d\omega$ der Fläche befindliche Menge des Agens $hd\omega$ ist, so nennen wir h die Dichtigkeit des Agens, und wo es zur Unterscheidung nothwendig ist, können wir diese Dichtigkeit, welche sich auf eine Fläche bezieht im Gegensatze zu der gewöhnlichen, welche sich auf den körperlichen Raum bezieht, Flächendichtigkeit nennen. Ist nun r der Abstand des Elementes $d\omega$ von dem Puncte p, so haben wir zur Bestimmung der Potentialfunction die Gleichung:

$$V = \varepsilon h \int \frac{d\omega}{r}, \tag{85}$$

worin die Integration über den Flächeninhalt der ebenen Figur, welche mit dem Agens bedeckt ist, ausgeführt werden muss.

Um das Integral in eine für unseren Zweck geeignete Form zu bringen, nehmen wir die Ebene, welche die Figur enthält, zur xy-Ebene unseres Coordinatensystemes. Wenn wir dann vom Puncte p mit den Coordinaten x, y und z ein Perpendikel auf diese Ebene fällen, und dessen Fusspunct betrachten, so hat dieser ebenfalls die Coordinaten x und y, während seine dritte Coordinate Null ist. Diesen Fusspunct wollen wir nun zum Mittelpuncte eines Systemes von Polarcoordinaten in der Ebene nehmen, in welchem der Leitstrahl u, und der Winkel desselben mit der x-Axe φ heissen soll. Dann können wir setzen:

$$d\omega = u\, du\, d\varphi\,,$$

und zugleich haben wir, wenn ξ und η die rechtwinkligen Coordinaten dieses Flächenelementes sind:

$$\begin{aligned} u &= \sqrt{(\xi-x)^2+(\eta-y)^2} \\ r &= \sqrt{(\xi-x)^2+(\eta-y)^2+z^2} \\ &= \sqrt{u^2+z^2} \end{aligned}$$

und die Gleichung für V geht daher über in:

$$V = \varepsilon h \iint \frac{u\, du\, d\varphi}{\sqrt{u^2+z^2}}\,. \tag{86}$$

Hierin lässt sich die Integration nach u sogleich ausführen. Man hat nämlich allgemein:

$$\int \frac{udu}{\sqrt{u^2+z^2}} = \sqrt{u^2+z^2}$$

und es kommt nur darauf an, die den Umständen entsprechenden Grenzwerthe in diese Formel einzusetzen. Dabei macht es einen wesentlichen Unterschied, ob der Fusspunct des von p auf die Ebene gefällten Perpendikels innerhalb oder ausserhalb der mit dem Agens bedeckten Figur liegt. Für unsere weiteren Betrachtungen ist nur der Fall von Interesse, wo er innerhalb liegt, und diesen Fall wollen wir daher voraussetzen.

Dann ist das Integral vom Anfangspuncte des Leitstrahles bis zu seinem Durchschnittspuncte mit dem Umfange der Figur zu nehmen, und wenn die Figur so gestaltet ist, dass der Leitstrahl den Umfang mehrmals schneidet, was dann jedenfalls eine ungerade Anzahl von Malen geschehen muss, so kommen noch die Stücke vom zweiten bis zum dritten Durchschnitte, dann vom vierten bis zum fünften Durchschnitte u. s. f. in Betracht. Nennen wir also die den einzelnen Durchschnitten entsprechenden Werthe von u der Reihe nach U_1, U_2 etc. und setzen ferner zur Abkürzung:

$$R_1 = \sqrt{U_1^2+z^2}\,; \quad R_2 = \sqrt{U_2^2+z^2} \text{ etc.}$$

so kommt:

$$V = \varepsilon h \int \left(-\sqrt{z^2}+R_1-R_2+R_3-\text{etc.}\right) d\varphi \,.$$

In dem ersten Gliede innerhalb der Klammer dürfen wir nicht einfach z an die Stelle von $\sqrt{z^2}$ setzen, weil diese Wurzel, welche ein specieller Werth des Abstandes r ist, stets positiv sein muss, während z positive und negative Werthe haben kann. Ich werde daher, um dieses anzudeuten, den Wurzelausdruck in der Formel beibehalten.

Da die Grösse $\sqrt{z^2}$ von φ abhängig ist, so können wir bei diesem Gliede auch die zweite Integration ohne Weiteres ausführen, und erhalten dadurch, indem das Integral von 0 bis 2π zu nehmen ist:

$$V = -2\pi\varepsilon h \sqrt{z^2} + \varepsilon h \int \left(R_1-R_2+R_3-\text{etc.}\right) d\varphi \,. \tag{87}$$

Das hierin noch vorkommende Integral können wir in eine andere Gestalt bringen, in welcher es für die beabsichtigten Differentiationen geeignet ist. Wir führen dazu statt des Winkelelementes $d\varphi$ das zwischen seinen Schenkeln liegende Element ds des Umfanges ein. Ist i' der Cosinus des Winkels, welchen die auf ds errichtete Normale mit dem Leitstrahle bildet, wobei die Normale nach der Aussenseite des Umfanges, und der Leitstrahl nach der Seite hin, wohin er wächst, betrachtet wird, so hat man:

$$\frac{i'}{U}\,ds = \pm\,d\varphi\,, \tag{88}$$

worin, sofern die Elemente ds und $d\varphi$ beide als positiv vorausgesetzt werden, das obere oder das untere Vorzeichen zu nehmen ist, jenachdem der Leitstrahl, indem er wächst, den Umfang von innen nach aussen oder umgekehrt schneidet. Diese Vorzeichen sind dieselben, mit welchen die in dem Integrale vorkommenden Grössen R_1, R_2, R_3 etc. behaftet sind. Wenn man daher für irgend eins der Producte $\pm R d\varphi$ das Product $\frac{R}{U}\,i'ds$ substituirt, so muss man diesem letzteren äusserlich immer das Pluszeichen geben. Da ferner in dem Integrale für jedes Winkelelement $d\varphi$ gerade so viele verschiedene Werthe von R vorkommen, als zu dem Winkelelemente verschiedene Bogenelemente gehören, so bilden alle Bogenelemente, die durch jene Substitution eingeführt werden, zusammen den ganzen Umfang der Figur. Demnach kann man schreiben:

$$V = -2\pi\varepsilon h\sqrt{z^2} + \varepsilon h\int\frac{R}{U}\,i'ds\,, \tag{89}$$

worin das Integral über den ganzen Umfang auszudehnen ist.[1])

---

1) Der Vollständigkeit wegen will ich auch anführen, wie die Formel sich gestaltet, wenn der Fusspunct des von p auf die Ebene gefällten Perpendikels ausserhalb der mit dem Agens bedeckten Figur liegt. In diesem Falle muss für jeden Leitstrahl, welcher die Figur überhaupt trifft, die Anzahl der Durchschnitte mit dem Umfange eine gerade sein, und die Integration nach u in der Gleichung (86) bezieht sich auf das Stück vom ersten bis zum zweiten Durchschnitte, dann, falls noch mehr Durchschnitte vorkommen, vom dritten bis zum vierten u. s. f. Man erhält daher statt der Gleichung (87):

$$V = \varepsilon h\int(-R_1 + R_2 - \text{etc.})\,d\varphi\,, \tag{a}$$

worin die Integration nach φ sich nur über den Winkelraum erstreckt, welcher die Figur einschliesst. Wenn man in dieser Gleichung für das Winkelelement $d\varphi$ das Bogenelement ds einführt, so erhält man statt (89):

$$V = \varepsilon h\int\frac{R}{U}\,i'ds\,. \tag{b}$$

Sollte der Fusspunct in unmittelbarer Nähe des Umfanges liegen, so dass für gewisse Bogenelemente die Grösse U unendlich klein wird, so ist (mit Ausnahme des Falles, wo $z=0$ ist, so dass R mit U zugleich verschwindet) das in den Ausdrücken (89) und (b) vorkommende Integral in dieser Form nicht ausführbar. Um sich jedoch einen Ueberblick davon zu verschaffen, welche Werthe das Integral in solchen Fällen annimmt, kann man

§ 27.

Verhalten der Differentialcoefficienten erster Ordnung der Potentialfunction.

Wir wollen nun mit Hülfe der letzten Gleichung die Differentialcoefficienten der Potentialfunction bilden.

Da die Grösse s, nach welcher integrirt werden soll, von den Coordinaten x, y und z des Punctes p unabhängig ist, so können wir unter dem Integralzeichen differentiiren. Die Formeln von U, R und i', welche dazu angewandt werden müssen, lassen sich ohne Weiteres hinschreiben. Bezeichnen wir die Coordinaten des Bogenelementes ds mit ξ' und η' und die Cosinus der Winkel, welche die auf dem Elemente errichtete Normale mit der x- und y-Axe bildet, mit α' und β', so kommt:

$$\left.\begin{aligned} U &= \sqrt{(\xi'-x)^2+(\eta'-y)^2} \\ R &= \sqrt{(\xi'-x)^2+(\eta'-y)^2+z^2} \\ i' &= \frac{(\xi'-x)\,\alpha'+(\eta'-y)\,\beta'}{U} \end{aligned}\right\} \tag{90}$$

Wenn man, wie wir es im Folgenden thun wollen, voraussetzt, dass der Fusspunct des von p gefällten Perpendikels in endlicher Entfernung vom Umfange der Figur liegt, so sind U und R für alle bei der Integration vorkommenden Elemente endliche Grössen.

Differentiiren wir nun unter Berücksichtigung der vorigen Gleichungen die Gleichung (89) zuerst nach z, so bekommen wir:

$$\frac{dV}{dz} = -2\pi\varepsilon h \frac{z}{\sqrt{z^2}} + \varepsilon h z \int \frac{i'}{RU}\, ds\,, \tag{91}$$

worin der Bruch $\frac{z}{\sqrt{z^2}}$ gleich $+1$ oder -1 ist, jenachdem z positiv oder negativ ist.

Die Hauptfrage in Bezug auf den für $\frac{dV}{dz}$ gefundenen Ausdruck ist die, wie sich derselbe in unmittelbarer Nähe der mit dem Agens bedeckten

---

die ursprünglichen Formen des Integrals, welche in (87) und (a) enthalten sind, betrachten. Dann findet man, dass, wenn der Fusspunct sich so bewegt, dass er den Umfang der Figur von innen nach aussen durchschreitet, dabei der Werth des Integrales sprungweise um $2\pi\sqrt{z^2}$ abnimmt. Dadurch wird der Umstand, dass in der Gleichung (89) das Product $2\pi\varepsilon h\sqrt{z^2}$ als ein mit dem Minuszeichen versehenes besonderes Glied vorkommt, während es in der Gleichung (b) fehlt, ausgeglichen, so dass der ganze Werth von V keine sprungweise Aenderung erleidet.

Fläche verhält. Lassen wir z unendlich klein und Null werden, so wird das zweite Glied des Ausdruckes, welches den Factor z und ausserdem nur solche Factoren hat, die endlich bleiben, ebenfalls unendlich klein und Null. Anders ist es mit dem ersten Gliede. Dieses ist an der Seite der Fläche, wo z positiv ist, constant gleich $-2\pi\varepsilon h$, und an der anderen Seite, wo z negativ ist, constant gleich $+2\pi\varepsilon h$. Es ändert also seinen Werth in dem Moment, wo p die Fläche durchschreitet, sprungweise um $4\pi\varepsilon h$. Bezeichnen wir die Grenzwerthe, denen $\frac{dV}{dz}$ sich nähert, wenn p von der positiven oder von der negativen Seite aus unendlich nahe an die Fläche heranrückt, resp. mit $\left(\frac{dV}{dz}\right)_{+0}$ und $\left(\frac{dV}{dz}\right)_{-0}$, so kommt:

$$\left(\frac{dV}{dz}\right)_{+0} = -2\pi\varepsilon h\,;\quad \left(\frac{dV}{dz}\right)_{-0} = +2\pi\varepsilon h \tag{92}$$

$$\left(\frac{dV}{dz}\right)_{+0} - \left(\frac{dV}{dz}\right)_{-0} = -4\pi\varepsilon h\,. \tag{93}$$

Die letztere Gleichung lässt sich, wie wir weiterhin sehen werden, auch auf den allgemeinen Fall, wo die Fläche gekrümmt, und die Vertheilung des Agens über dieselbe ungleichförmig ist, ausdehnen, und bildet eine neue wichtige Eigenschaft der Potentialfunction.

Wir können nun die Gleichung (89) ebenso unter Berücksichtigung der Gleichungen (90) nach x und y differentiiren. Führen wir dieses zuerst nach x aus, so erhalten wir:

$$\frac{dV}{dx} = \varepsilon h \int \left[\frac{(R^2+z^2)(\xi'-x)}{RU^3}\, i' - \frac{R}{U^2}\,\alpha'\right] ds\,. \tag{94}$$

Dieser Ausdruck lässt sich in eine einfachere Form bringen. Es ist nämlich:

$$\frac{R}{U^2} = \frac{R^2}{RU^2} = \frac{U^2+z^2}{RU^2} = \frac{1}{R} + \frac{z^2}{RU^2}\,,$$

und wenn man dieses in dem zweiten unter dem Integralzeichen stehenden Gliede einsetzt, so kann man schreiben:

$$\frac{dV}{dx} = -\varepsilon h \int \frac{\alpha'}{R}\, ds + \varepsilon h \int \left[\frac{(R^2+z^2)(\xi'-x)}{RU^3}\, i' - \frac{z^2}{RU^2}\,\alpha'\right] ds\,. \tag{95}$$

Es lässt sich nun der Satz beweisen, dass das hierin vorkommende zweite Integral für **jede geschlossene Curve Null ist**. Da dieser Beweis nicht ganz kurz ist, und daher den Gang der Auseinandersetzung an dieser Stelle in einer die Uebersichtlichkeit störenden Weise unterbrechen würde; so will ich ihn in einem Zusatze führen [1]). Unter Voraussetzung dieses Satzes bleibt von der rechten Seite der vorstehenden Gleichung nur das erste Glied übrig. Da der Differentialcoefficient nach y ganz dieselbe Behandlungsweise zulässt, so können wir die beiden sich ergebenden Ausdrücke gleich zusammenschreiben:

$$\left.\begin{aligned} \frac{dV}{dx} &= -\varepsilon h \int \frac{\alpha'}{R} ds \\ \frac{dV}{dy} &= -\varepsilon h \int \frac{\beta'}{R} ds . \end{aligned}\right\} \quad (96)$$

Man sieht sogleich, dass diese Ausdrücke sich, wenn p an die Fläche heranrückt und sie durchschreitet, nirgends sprungweise ändern, und dass sie daher auch anwendbar sind, wenn p in der Fläche selbst liegt.

Nachdem für die drei Coordinatenrichtungen, deren eine als senkrecht zur Ebene und die beiden anderen als parallel der Ebene vorausgesetzt wurden, die Differentialcoefficienten bestimmt sind, kann man sofort auch den Differentialcoefficienten nach irgend einer anderen Richtung bilden.

Es sei durch p eine beliebige Gerade gezogen, in welcher wir uns p beweglich denken wollen. Der Abstand des Punctes p von demjenigen Puncte, wo die Gerade die Ebene schneidet, und zwar nach der einen Seite positiv und nach der anderen negativ gerechnet, sei mit l bezeichnet, dann ist es der Differentialcoefficient $\frac{dV}{dl}$, um den es sich handelt. Nennen wir die Winkel, welche die Gerade mit den Coordinatenrichtungen bildet, φ, ψ und ϑ, so ergiebt sich aus einfachen geometrischen Betrachtungen, dass man setzen kann:

$$\frac{dV}{dl} = \frac{dV}{dx}\cos\varphi + \frac{dV}{dy}\cos\psi + \frac{dV}{dz}\cos\vartheta , \quad (97)$$

und es lässt sich somit, nachdem die drei Differentialcoefficienten $\frac{dV}{dx}$, $\frac{dV}{dy}$ und $\frac{dV}{dz}$ bestimmt sind, der auf eine beliebige andere Richtung bezügliche Differentialcoefficient ohne Weiteres hinschreiben.

Fragen wir insbesondere, wie der Differentialcoefficient $\frac{dV}{dl}$ sich ändert, wenn der Punct p die Fläche durchschreitet, so können wir folgende Gleichung bilden:

---

1) Siehe Zusatz II am Ende des Buches.

$$\left(\frac{dV}{dl}\right)_{+0} - \left(\frac{dV}{dl}\right)_{-0} = \left\{ \begin{array}{l} \left[\left(\frac{dV}{dx}\right)_{+0} - \left(\frac{dV}{dx}\right)_{-0}\right] \cos\varphi \\ + \left[\left(\frac{dV}{dy}\right)_{+0} - \left(\frac{dV}{dy}\right)_{-0}\right] \cos\psi \\ + \left[\left(\frac{dV}{dz}\right)_{+0} - \left(\frac{dV}{dz}\right)_{-0}\right] \cos\vartheta \end{array} \right\}.$$

Nun haben wir vorher gesehen, dass die Differentialcoefficienten $\frac{dV}{dx}$ und $\frac{dV}{dy}$ beim Durchschreiten der Fläche keine sprungweise Aenderung erleiden, und demgemäss sind die in den beiden ersten eckigen Klammern stehenden Differenzen gleich Null. Die in der dritten eckigen Klammer stehende Differenz haben wir zu $-4\pi\varepsilon h$ bestimmt. Wir erhalten also für den Differentialcoefficienten, welcher nach einer Richtung genommen ist, die mit der auf der Fläche errichteten Normale den Winkel ϑ bildet, folgende Gleichung:

$$\left(\frac{dV}{dl}\right)_{+0} - \left(\frac{dV}{dl}\right)_{-0} = -4\pi\varepsilon h \cos\vartheta\ . \tag{98}$$

§ 28.

Formeln, zu welchen man gelangt, wenn man den in Gleichung (85) *gegebenen Ausdruck der Potentialfunction differentiirt.*

Im vorigen § sind die Differentialcoefficienten der Potentialfunction einer gleichförmig mit dem Agens bedeckten ebenen Figur nicht unmittelbar aus dem ersten, in Gleichung (85) gegebenen Ausdrucke der Potentialfunction abgeleitet, sondern es ist dazu ein anderer, in Gleichung (89) befindlicher Ausdruck benutzt, welcher aus jenem ersten dadurch entstanden war, dass wir die Integration nach r vollzogen, und dann statt des Winkelelementes $d\varphi$ das Element des Umfanges ds eingeführt hatten.

Wir wollen nun noch einmal zu der Gleichung (85), nämlich:

$$V = \varepsilon h \int \frac{d\omega}{r}\ ,$$

zurückkehren, um zu sehen, zu was für Formeln wir gelangen, wenn wir diese Gleichung differentiiren. Berücksichtigt man, dass zu setzen ist:

$$r = \sqrt{(\xi - x)^2 + (\eta - y)^2 + z)^2}\ ,$$

so erhält man durch die Differentiationen:

$$\left.\begin{array}{l} \frac{dV}{dx} = \varepsilon h \int \frac{\xi - x}{r^3}\, d\omega \\ \frac{dV}{dy} = \varepsilon h \int \frac{\eta - y}{r^3}\, d\omega \\ \frac{dV}{dz} = -\,\varepsilon h \int \frac{z}{r^3}\, d\omega\ . \end{array}\right\} \tag{99}$$

Zu denselben Formeln gelangt man auch, wenn man direct die Kraftcomponenten X, Y und Z bestimmt.

Denken wir uns nun in diesen Formeln den durch die Coordinate z bestimmten Abstand des Punctes p von der Ebene unendlich klein und Null werdend, so wird für diejenigen Flächenelemente, welche den Fusspunct des von p auf die Ebene gefällten Perpendikels zunächst umgeben, für welche also die Grössen $\xi - x$ und $\eta - y$ unendlich klein werden, auch die in den Nennern stehende Grösse r unendlich klein. Da nun r in den Nennern in der dritten Potenz vorkommt, während die Zähler die Grössen $\xi - x$, $\eta - y$ und z nur in der ersten Potenz enhalten, so werden die Brüche unendlich gross, und die Integrale sind somit in der vorstehenden Form für den Fall, wo z unendlich klein oder Null ist, nicht anwendbar. Es fragt sich nun, ob wir die Integrale so umgestalten können, dass die zu integrirende Function endlich bleibt.

Bei dem letzten Integrale, durch welches der Differentialcoefficient $\frac{dV}{dz}$ bestimmt wird, ist dieses leicht ausführbar, und wir können dadurch die schon im vorigen § gefundene Gleichung (93) in anderer Weise, als dort geschehen ist, ableiten. Es wird vielleicht nicht ohne Nutzen sein, die Ableitung auch auf diesen Wege durchzuführen, weil der in jener Gleichung ausgesprochene wichtige Satz dadurch noch anschaulicher wird.

Die Grösse $-\frac{z}{r}$ stellt den Cosinus des Winkels dar, welchen der von p nach dem Flächenelemente $d\omega$ gezogene Leitstrahl mit der z-Axe bildet. Da nun die Normale des Elementes mit der z-Axe parallel ist, so können wir auch sagen, $-\frac{z}{r}$ sei der Cosinus des Winkels zwischen Leitstrahl und Normale. Bezeichnen wir diesen Cosinus, wie es in § 17 geschehen ist, mit i, so lautet die letzte der Gleichungen (99):

$$\frac{dV}{dz} = \varepsilon h \int \frac{i}{r^2}\, d\omega\ .$$

Bezeichnen wir ferner, wie es ebenfalls in § 17 geschehen ist, den körperlichen Winkel der unendlichen schmalen Pyramide, welche den Punct p als Spitze und das Flächenelement $d\omega$ als Grundfläche hat, mit $d\sigma$, so gilt die Gleichung:

$$d\sigma = \pm \frac{i}{r^2} d\omega\ .$$

Hierin ist das $+$Zeichen zu setzen, wenn p an der negativen Seite der Ebene liegt, und der von p ausgehende Leitstrahl somit die Ebene von der negativen zur positiven Seite durchschneidet, so dass der mit i bezeichnete Cosinus positiv ist; dagegen das —Zeichen, wenn p an der positiven Seite der Ebene liegt.

Im ersteren Falle, wo p an der negativen Seite der Ebene liegt, geht durch Einführung von $d\sigma$ die obige Gleichung über in:

$$\frac{dV}{dz} = \varepsilon h \int d\sigma\,, \tag{100}$$

und hierin stellt das Integral den ganzen körperlichen Winkel dar, unter welchem die gegebene Figur vom Puncte p aus erscheint. Im zweiten Falle, wo p an der positiven Seite der Ebene liegt, erhält man:

$$\frac{dV}{dz} = -\varepsilon h \int d\sigma\,, \tag{100 a.}$$

worin wiederum das Integral den körperlichen Winkel darstellt, unter welchem die Figur von der jetzigen Lage des Punctes p aus erscheint. Denkt man sich nun, dass der Punct p an der einen oder anderen Seite unendlich nahe an die Ebene heranrücke, so nimmt in beiden Fällen der körperliche Winkel den Werth 2π an, und wir haben also zu setzen:

$$\left(\frac{dV}{dz}\right)_{-0} = 2\pi\varepsilon h\;; \quad \left(\frac{dV}{dz}\right)_{+0} = -2\pi\varepsilon h\,,$$

woraus sich durch Subtraction ergiebt:

$$\left(\frac{dV}{dz}\right)_{+0} - \left(\frac{dV}{dz}\right)_{-0} = -4\pi\varepsilon h\,.$$

Weniger einfach macht sich die Sache bei den ersten beiden der drei Gleichungen (99). Wollten wir, wie vorher, statt des Flächenelementes $d\omega$ das Element des körperlichen Winkels $d\sigma$ einführen, so würden wir erhalten:

$$\frac{dV}{dx} = \varepsilon h \int \pm \frac{\xi - x}{ri}\, d\sigma\;; \quad \frac{dV}{dy} = \varepsilon h \int \pm \frac{\eta - y}{ri}\, d\sigma\,,$$

welche Ausdrücke für den Fall, wo z unendlich klein oder Null ist, unbrauchbar sind, weil dann unter den Elementen $d\sigma$ solche vorkommen, für welche die im Nenner stehende Grösse i unendlich klein oder Null wird. Führt man dagegen, wie es in § 26 geschehen ist, die Polarcoordinaten u und φ um den Fusspunct des Perpendikels ein, so erhält man:

$$\frac{dV}{dx} = \varepsilon h \iint \frac{u^2 \cos\varphi}{r^3}\, du\, d\varphi\;; \quad \frac{dV}{dy} = \varepsilon h \iint \frac{u^2 \sin\varphi}{r^3}\, du\, d\varphi\,,$$

worin zugleich zu setzen ist:

$$r = \sqrt{u^2 + z^2}\,.$$

In diesen Ausdrücken wird, wenn z unendlich klein oder Null ist, für unendlich kleine Werthe von u der Nenner ein unendlich kleines von höherer Ordnung als der Zähler, und die Ausdrücke sind daher ebenfalls für unseren Zweck nicht dienlich.

Aus diesen Gründen habe ich den unter (85) gegebenen Ausdruck der Potentialfunction in den unter (89) gegebenen umgeformt, in welchem nur noch ein nach dem Umfange zu nehmendes Integral vorkommt, und dann erst habe ich die Differentiationen ausgeführt.

§ 29.

Verhalten der Differentialcoefficienten zweiter Ordnung der Potentialfunction.

Es ist noch von Interesse, zu erfahren, wie sich unter der gemachten Voraussetzung, dass das wirksame Agens nur über eine Fläche verbreitet ist, die Gleichung $\Delta V = 0$ verhält. Da sich unter dieser Voraussetzung auf einer endlichen Flächen eine endliche Menge des Agens befindet, die mathematische Fläche aber, wenn man ihre Grösse so bestimmen will, dass man sie als einen Theil des körperlichen Raumes betrachtet, gleich Null zu setzen ist, so folgt daraus, dass die Dichtigkeit des Agens, wenn man sie nicht als Flächendichtigkeit, sondern in dem gewöhnlichen Sinne als Raumdichtigkeit auffasst, unendlich gross ist, und es entsteht daher die Frage, ob unter diesen Umständen jene Gleichung bis in unmittelbare Nähe der Fläche gültig bleibt.

Wir bilden dazu die zweiten Differentialcoefficienten der Potentialfunction, welche in ΔV vorkommen. Aus Gleichung (91) ergiebt sich, da der Bruch $\frac{z}{\sqrt{z^2}}$ an der einen oder anderen Seite der Ebene bis an diese selbst hinan constant ist:

$$\begin{aligned} \frac{d^2V}{dz^2} &= \varepsilon h \int \frac{i'}{RU}\, ds - \varepsilon h z^2 \int \frac{i'}{R^3 U}\, ds \\ &= \varepsilon h \int \frac{R^2 - z^2}{R^3 U}\, i'\, ds \\ &= \varepsilon h \int \frac{U}{R^3}\, i' ds\,. \end{aligned} \tag{101}$$

Ferner ergiebt sich aus den Gleichungen (96):

$$\left.\begin{aligned} \frac{d^2V}{dx^2} &= -\varepsilon h \int \frac{\xi' - x}{R^3}\, \alpha' ds \\ \frac{d^2V}{dy^2} &= -\varepsilon h \int \frac{\eta' - y}{R^3}\, \beta' ds\,. \end{aligned}\right\} \tag{102}$$

und somit:

$$\frac{d^2V}{dx^2}+\frac{d^2V}{dy^2}=-\varepsilon h\int\frac{(\xi'-x)\,\alpha'+(\eta'-y)\,\beta'}{R^3}\,ds$$

$$=-\varepsilon h\int\frac{U}{R^3}\,i'ds\,. \qquad (103)$$

Dieser letzte Ausdruck ist dem in (101) für $\frac{d^2V}{dz^2}$ gefundenen gleich und entgegengesetzt, und beide heben sich somit bei der Addition auf, und man erhält:

$$\varDelta V=0\,.$$

Diese Gleichung gilt hiernach an beiden Seiten der Fläche bis dicht an sie hinan.

Will man statt des bisher benutzten Coordinatensystems x, y, z, dessen z-Axe auf der Ebene senkrecht steht, ein anderes rechtwinkliges Coordinatensystem x_1, y_1, z_1 anwenden, so kann man durch eine ähnliche Betrachtung, wie sie am Ende des § 27 vorkam, jeden der drei Differentialcoefficienten

$$\frac{d^2V}{dx_1^2},\quad \frac{d^2V}{dy_1^2},\quad \frac{d^2V}{dz_1^2}$$

durch die sechs Differentialcoefficienten

$$\frac{d^2V}{dx^2},\quad \frac{d^2V}{dy^2},\quad \frac{d^2V}{dz^2},\quad \frac{d^2V}{dx\,dy},\quad \frac{d^2V}{dx\,dz},\quad \frac{d^2V}{dy\,dz}$$

ausdrücken, von denen auch die drei letzten endliche Grössen sind, welche sich leicht aus (96) ableiten lassen. Durch Addition der Ausdrücke ergiebt sich dann sofort, dass

$$\frac{d^2V}{dx_1^2}+\frac{d^2V}{dy_1^2}+\frac{d^2V}{dz_1^2}=\frac{d^2V}{dx^2}+\frac{d^2V}{dy^2}+\frac{d^2V}{dz^2}$$

sein muss. Der Schluss, dass die Gleichung $\varDelta V=0$ auch bei unendlicher Annäherung an die Fläche gültig bleibt, ist also von der Wahl des Coordinatensystemes unabhängig.

In der Fläche selbst ist die Gleichung nicht anwendbar, weil hier die Grösse $\frac{z}{\sqrt{z^2}}$ eine sprungweise Aenderung erleidet.

§ 30.

Betrachtung einer gekrümmten Fläche, in welcher die Dichtigkeit des Agens nicht constant zu sein braucht.

Wir wenden uns nun zur Betrachtung des allgemeinen Falles, wo die Fläche, welche das Agens enthält, gekrümmt, und die Vertheilung des Agens ungleichförmig ist; indessen wollen wir nicht alle für den einfacheren Fall gemachten Entwickelungen auch hier durchführen, sondern uns darauf beschränken, den in § 27 gefundenen und in Gleichung (93) ausgedrückten Satz allgemein zu beweisen. Wir können denselben folgendermaassen aussprechen. In irgend einem Puncte P der Fläche sei eine Normale errichtet; in dieser denken wir uns den Punct p beweglich und bezeichnen seinen Abstand vom Fusspunkte P der Normale mit n, wobei diese Grösse an der einen Seite der Fläche als positiv und an der anderen als negativ gerechnet wird. Dann ist:

$$\left(\frac{dV}{dn}\right)_{+0} - \left(\frac{dV}{dn}\right)_{-0} = -4\pi\varepsilon h_p \,, \tag{IV.}$$

worin die Indices $+0$ und -0 die Grenzwerthe andeuten sollen, denen $\frac{dV}{dn}$ sich nähert, wenn der Punct p von der positiven oder negativen Seite aus unendlich nahe an die Fläche hinanrückt, und h_p den Werth von h im Punkte P darstellt.

Die Entwickelungen, welche für den Beweis dieses Satzes nöthig sind, sind in vieler Beziehung den in § 22 enthaltenen ähnlich. Wir legen wieder im Puncte P an die Fläche eine Tangentialebene, und nehmen diese zur xy-Ebene unseres Coordinatensystemes, und die Normale zur z-Axe, so dass $\frac{dV}{dn}$ und $\frac{dV}{dz}$ gleichbedeutend sind. Wir brauchen auch hier von der Fläche nur ein sehr kleines aber endliches Stück um P speciell zu betrachten. Nennen wir nämlich die Potentialfunction dieses kleinen Stückes für sich allein V', und die Potentialfunction der gesammten übrigen Fläche V'', so dass

$$V = V' + V''$$

ist, so sind für $\frac{dV''}{dn}$ die in der vorigen Gleichung enthaltenen Grenzwerthe unter einander gleich, da dieser Differentialcoefficient im Puncte p keine Unterbrechung der Stetigkeit erleiden kann. Es ist also:

$$\left(\frac{dV''}{dn}\right)_{+0} - \left(\frac{dV''}{dn}\right)_{-0} = 0 \,,$$

und wenn daher bewiesen werden kann, dass die Gleichung:

$$\left(\frac{dV'}{dn}\right)_{+0} - \left(\frac{dV'}{dn}\right)_{-0} = -4\pi\varepsilon h_p \tag{104}$$

gilt, so ist damit auch die Gleichung (IV.) bewiesen.

Wenn für ein Flächenelement $d\omega$ bei dem Puncte (ξ, η, ζ), wo die Dichtigkeit h stattfindet, der Abstand vom Puncte p mit r bezeichnet wird, indem

$$r = \sqrt{\xi^2 + \eta^2 + (\zeta - z)^2}$$

ist, so hat man:

$$V' = \varepsilon \int \frac{h}{r}\, d\omega\,, \tag{105}$$

worin die Integration über das betrachtete kleine Flächenstück auszudehnen ist. Hierin wollen wir statt h den gleichbedeutenden Ausdruck:

$$h_p \,.\, \gamma + \left(\frac{h}{\gamma} - h_p\right)\gamma$$

schreiben, worin γ, wie in § 22, den Cosinus des Winkels bedeutet, welchen die auf $d\omega$ errichtete Normale mit der z-Axe bildet, eine Grösse, die bei P selbst gleich 1 und in der Nähe von P wenig von 1 abweichend ist. Dadurch kommt:

$$V' = \varepsilon h_p \int \frac{\gamma}{r}\, d\omega + \varepsilon \int \left(\frac{h}{\gamma} - h_p\right) \frac{\gamma}{r}\, d\omega\,,$$

woraus wir durch Differentiation erhalten:

$$\frac{dV'}{dz} = \varepsilon h_p \int \frac{(\zeta - z)\gamma}{r^3}\, d\omega + \varepsilon \int \left(\frac{h}{\gamma} - h_p\right) \frac{(\zeta - z)\gamma}{r^3}\, d\omega\,.$$

Ferner ist, wenn die Cosinus der Winkel, welche die vorher erwähnte Normale auf $d\omega$ mit der x- und y-Axe und mit dem Leitstrahl r bildet, α, β und i heissen:

$$i = \frac{\xi\alpha + \eta\beta + (\zeta - z)\gamma}{r}$$

$$\frac{(\zeta - z)\gamma}{r} = i - \frac{\xi\alpha + \eta\beta}{r}\,.$$

und die vorige Gleichung geht daher über in:

$$\frac{dV'}{dz} = \varepsilon h_p \int \frac{i}{r^2}\, d\omega + \varepsilon h_p \int \frac{-\xi\alpha - \eta\beta}{r^3}\, d\omega + \varepsilon \int \left(\frac{h}{\gamma} - h_p\right) \frac{(\zeta - z)\gamma}{r^3}\, d\omega\,. \tag{106}$$

Die drei hierin vorkommenden Integrale wollen wir zur Abkürzung durch die Buchstaben E, F und G bezeichnen, so dass die Gleichung lautet:

$$\frac{dV'}{dz} = \varepsilon h_p \,.\, E + \varepsilon h_p \,.\, F + \varepsilon \,.\, G\,. \tag{106 a}$$

Die beiden letzten dieser Integrale erlauben eine andere Behandlung, als das erste, weil in ihnen die zu integrirenden Functionen Factoren enhalten, welche beim Puncte P gleich Null werden, was in dem ersten nicht der Fall ist. Wir wollen daher das Integral E gesondert und dann die Integrale F und G gemeinsam betrachten.

§ 31.

Verhalten der Grösse E.

Wir führen in E statt des Flächenelementes $d\omega$, wie in § 22, das Element $d\sigma$ des körperlichen Winkels ein, und erhalten:

$$E = \int \pm \, d\sigma \, .$$

Um die Wahl des Vorzeichens einfach ausdrücken zu können, wollen wir die beiden Seiten der Fläche, nach welchen die Normale n positiv und negativ gerechnet wird, kurz die positive und negative Seite der Fläche nennen. Dann ist, wenn der nach $d\omega$ gezogene Leitstrahl, indem er wächst, die Fläche von der negativen zur positiven Seite durchschneidet, $d\sigma$ mit dem Pluszeichen zu nehmen, im anderen Falle mit dem Minuszeichen.

Wenn daher p sich in dem negativen Theile der Normale n befindet, so gilt für den ersten Durchschnitt irgend einer Elementarpyramide mit mit der Fläche das Pluszeichen, für den zweiten, falls die Fläche so gekrümmt ist, dass zwei Durchschnitte vorkommen, das Minuszeichen u. s. f. Daraus folgt, wie man leicht sieht, dass das ganze Integral den körperlichen Winkel darstellt, unter welchem der Umfang des betrachteten Flächenstückes von p aus erscheint, und zwar ist von den beiden körperlichen Winkeln, in welche der ganze Winkelraum durch die von p aus durch den Umfang gelegte Kegelfläche getheilt wird, derjenige zu nehmen, in welchem der Fusspunct P der Normale liegt.

Befindet sich p in dem positiven Theile der Normale, so ist bei jeder Elementarpyramide für den ersten Durchschnitt das Minuszeichen, für den zweiten das Pluszeichen u. s. f. anzuwenden, wodurch das ganze Integral eine negative Grösse wird. Der absolute Werth dieser Grösse stellt wieder den körperlichen Winkel dar, unter welchem der Umfang des Flächenstückes von p aus erscheint, und zwar ebenfalls denjenigen der beiden in Betracht kommenden Winkel, in welchen der Fusspunct P liegt. Aus dem letzteren Umstande folgt, dass in diesem Falle der körperliche Winkel nach der entgegengesetzten Seite zu nehmen ist, als im vorigen. Denkt man sich also zwei Lagen von p zu beiden Seiten des Fusspunctes P, aber beide unendlich nahe demselben, und somit auch unter einander unendlich nahe, so erhält man für diese beiden Lagen zwei körperliche

Winkel, welche sich zu 4π ergänzen. Demnach können wir, wenn wir für den Fall, wo der Punct p an der negativen Seite liegt, den körperlichen Winkel mit σ_1 bezeichnen, schreiben:

$$E_{-0} = \sigma_1$$
$$E_{+0} = -(4\pi - \sigma_1)\ .$$

Bilden wir nun die Differenz $E_{+0} - E_{-0}$, so hebt sich darin die einmal mit dem $+$Zeichen und einmal mit dem $-$Zeichen vorkommende Grösse σ_1 auf, und es bleibt:

$$E_{+0} - E_{-0} = -4\pi\ . \tag{107}$$

§ 32.

Verhalten der Grössen F und G.

Wir betrachten nun die beiden anderen in der Gleichung (106) vorkommenden Integrale F und G. Diese lauten:

$$\left.\begin{aligned} F &= \int \frac{-\xi\alpha - \eta\beta}{r^3}\, d\omega \\ G &= \int \left(\frac{h}{\gamma} - h_p\right) \frac{\zeta - z}{r^3}\, \gamma\, d\omega\ . \end{aligned}\right\} \tag{108}$$

Es soll nun bewiesen werden, dass diese Integrationen bestimmt ausführbar sind und dass, wenn z von einem kleinem negativen Werthe durch Null zu einem positiven übergeht, die Integrale dabei keine sprungweise Aenderung erleiden.

In dem ersten können wir, wie in § 22, setzen:

$$\alpha = -\frac{d\zeta}{d\xi}\gamma\ ; \quad \beta = -\frac{d\zeta}{d\eta}\gamma\ ,$$

wodurch es übergeht in:

$$F = \int \frac{\frac{d\zeta}{d\xi}\xi + \frac{d\zeta}{d\eta}\eta}{r^3}\gamma\, d\omega\ .$$

Ferner wollen wir in der xy-Ebene statt der rechtwinkligen Coordinaten ξ und η um denselben Anfangspunkt die Polarcoordinanten u und φ einführen, dann ist:

$$\xi = u\cos\varphi\ , \qquad \eta = u\sin\varphi$$

und somit:

$$\frac{d\xi}{du} = \cos\varphi\ ; \quad \frac{d\eta}{du} = \sin\varphi\ ,$$

und wenn wir mittelst dieser Gleichungen cos φ und sin φ aus den vorigen eliminiren:

$$\xi = \frac{d\xi}{du} u\,; \quad \eta = \frac{d\eta}{du} u\,.$$

Dadurch nimmt der in F vorkommende Zähler eine einfachere Form an, nämlich:

$$\frac{d\zeta}{d\xi}\,\xi + \frac{d\zeta}{d\eta}\,\eta = \left(\frac{d\zeta}{d\xi}\cdot\frac{d\xi}{du} + \frac{d\zeta}{d\eta}\cdot\frac{d\eta}{du}\right) u = \frac{d\zeta}{du} u\,.$$

Endlich können wir in beiden Intergralen für das Product $\gamma d\omega$, welches die Projection des Elementes $d\omega$ auf die xy-Ebene darstellt, ein Element dieser Ebene setzen, und dann die Integration über die Projection des betrachteten Flächenstückes auf die Ebene ausführen. Das Element der Ebene, in Polarcoordinaten ausgedrückt, ist $u\,du\,d\varphi$, und die Gleichungen (108) gehen somit über in:

$$\left.\begin{aligned} F &= \iint \frac{d\zeta}{du}\cdot\frac{u^2}{r^3}\,du\,d\varphi \\ G &= \iint \left(\frac{h}{\gamma} - h_p\right)\frac{(\zeta - z)\,u}{r^3}\,du\,d\varphi\,. \end{aligned}\right\} \qquad (109)$$

Nehmen wir nun zunächst an, dass die Fläche an der betrachteten Stelle nur eine endliche Krümmung habe, und dass auch die Dichtigkeit h sich in der Nähe derselben nur allmälig ändere, dass also ihre Differentialcoefficienten endliche Grössen seien, so können wir, da die xy-Ebene im Puncte P Tangentialebene ist, setzen:

$$\left.\begin{aligned} \zeta &= mu^2 \\ \frac{d\zeta}{du} &= m'u \\ \frac{h}{\gamma} - h_p &= nu\,, \end{aligned}\right\} \qquad (110)$$

worin m, m' und n Functionen von u und φ sind, welche für kleine Werthe von u nicht unendlich gross werden. Durch Einsetzung der beiden letzten Formeln in die Ausdrücke (109) gehen diese über in:

$$\left.\begin{aligned} F &= \iint m'\frac{u^3}{r^3}\,du\,d\varphi \\ G &= \iint n\,\frac{(\zeta - z)\,u^2}{r^3}\,du\,d\varphi\,. \end{aligned}\right\} \qquad (111)$$

Bedenkt man hierbei, dass

$$r = \sqrt{u^2 + (\zeta - z)^2}$$

ist, so sieht man leicht, dass die zu integrirenden Functionen für keine Werthe von u und z unendlich gross werden können, und dass somit die Integrationen bestimmt ausführbar sind.

Um noch zu zeigen, dass die Ausdrücke beim Durchgange von z durch Null keine sprungweise Aenderung erleiden, wollen wir die Grösse $\frac{1}{r^3}$ in eine Reihe entwickeln. Die Formel von r lautet, wenn man darin für ζ seinen in (110) gegebenen Werth setzt:

$$r = \sqrt{u^2 + z^2 - 2mzu^2 + m^2u^4}\,.$$

Hierin wollen wir die Grösse t mit der Bedeutung

$$t = \sqrt{u^2 + z^2} \tag{112}$$

einführen, dann kommt:

$$\begin{aligned} r &= \sqrt{t^2 - 2mzu^2 + m^2u^4} \\ &= t\sqrt{1 - 2m\frac{zu^2}{t^2} + m^2\frac{u^4}{t^2}} \end{aligned}$$

und daraus folgt weiter:

$$\frac{1}{r^3} = \frac{1}{t^3}\left(1 + 3m\frac{zu^2}{t^2} - \tfrac{3}{2}m^2\frac{u^4}{t^2} + \text{etc.}\right).$$

Wenn man diese Reihe, welche stark convergirt, weil u nur kleine Werthe haben kann, in die Ausdrücke (111) einsetzt, und im letzteren derselben auch im Zähler für ζ seinen Werth aus (110) setzt, so kann man schreiben:

$$\left.\begin{aligned} F &= \iint m'\frac{u^3}{t^3}\,du\,d\varphi + \iint 3mm'\frac{zu^5}{t^5}\,du\,d\varphi - \text{etc.} \\ G &= -\iint n\frac{zu^2}{t^3}\,du\,d\varphi + \iint mn\frac{u^4}{t^3}\,du\,d\varphi - \text{etc.} \end{aligned}\right\} \tag{113}$$

Auf diese Weise ist jede der Grössen F und G in eine Reihe von Gliedern zerlegt, von denen das erste unter den Integralzeichen einen Bruch enthält, der im Zähler in Bezug auf z und u von demselben Grade ist, wie im Nenner in Bezug auf t, während die folgenden Glieder Brüche enthalten, die im Zähler von höherem Grade als im Nenner sind. Diese letzteren Glieder lassen sich kurz abmachen. Wenn man von einem derselben den Differentialcoefficienten nach z bilden will, so kann man unter den Integralzeichen differentiiren, wodurch dort ein Bruch entsteht, dessen Zähler noch von gleichem oder höherem Grade als der Nenner ist, und da ein solcher Bruch für keine Werthe von z und u unendlich gross werden kann, so muss auch das Integral für alle Werthe von z endlich bleiben. Da somit der Differentialcoefficient des betrachteten Gliedes endlich bleibt, so kann das Glied selbst beim Durchgange von z durch Null keine sprungweise Aenderung erleiden. Es bleibt also in jedem der beiden obigen Ausdrücke nur das erste Glied besonders zu behandeln, um auch an ihm dieselbe Eigenschaft nachzuweisen. Wir wollen diese Grössen mit F' und G' bezeichnen, indem wir setzen:

$$\left.\begin{aligned} F' &= \iint m' \frac{u^3}{(u^2+z^2)^{\frac{3}{2}}}\, du\, d\varphi \\ G' &= -\iint n \frac{zu^2}{(u^2+z^2)^{\frac{3}{2}}}\, du\, d\varphi \,. \end{aligned}\right\} \tag{114}$$

Statt der ersten dieser beiden Grössen wollen wir noch eine andere bilden. Wir bezeichnen den Werth, welchen F' für $z=0$ annimmt, mit A, nämlich:

$$A = \iint m' du\, d\varphi$$

und bilden dann die Differenz:

$$F' - A = -\iint m' \frac{(u^2+z^2)^{\frac{3}{2}} - u^3}{(u^2+z^2)^{\frac{3}{2}}}\, du\, d\varphi \,. \tag{115}$$

Von den beiden Grössen $F' - A$ und G' lässt sich nun leicht beweisen, dass sie, wenn z unendlich klein und Null wird, ebenfalls unendlich klein und Null werden müssen. Setzt man nämlich in den unter den Integralzeichen stehenden Brüchen für z einen unendlich kleinen Werth, so werden die Brüche für alle endlichen Werthe von u unendlich klein, und nur für unendlich kleine Werthe von u nehmen sie endliche Werthe an, die man leicht näher bestimmen kann. Der erste Bruch:

$$\frac{(u^2+z^2)^{\frac{3}{2}} - u^3}{(u^2+z^2)^{\frac{3}{2}}}$$

geht, wenn u bis Null abnimmt, in den Grenzwerth 1 über. Der zweite Bruch:

$$\frac{zu^2}{(u^2+z^2)^{\frac{3}{2}}}$$

zeigt ein etwas complicirteres Verhalten. Wenn u soweit abnimmt, dass es ein unendlich Kleines von derselben Ordnung wie z wird, so wird dadurch der Bruch endlich, und wenn u noch weiter abnimmt, so dass es ein unendlich Kleines von höherer Ordnung als z wird, so wird der Bruch wieder unendlich klein. Sei nämlich δ eine unendlich kleine Grösse, und setzen wir:

$$z = a\delta\,, \qquad u = b\delta\,,$$

worin a und b endliche Coefficienten sind, so geht dadurch der vorige Bruch über in:

$$\frac{a\delta \,.\, b^2\delta^2}{(b^2\delta^2 + a^2\delta^2)^{\frac{3}{2}}} = \frac{ab^2}{(b^2 + a^2)^{\frac{3}{2}}}\,;$$

setzen wir dagegen:

$$z = a\delta\,; \qquad u = b\delta^2\,,$$

so geht der Bruch über in:

$$\frac{a\delta \,.\, b^2\delta^4}{(a^2\delta^2)^{\frac{3}{2}}} = \frac{b^2}{a^2}\,\delta^2\,.$$

Das Wesentliche aber, worauf es für unsere Betrachtung ankommt, gilt für den einen Bruch so gut, wie für den anderen, nämlich dass das Intervall von u, innerhalb dessen der Bruch einen endlichen Werth hat, nur unendlich klein ist, und dass ferner, wenn man sich denkt, dass der schon unendlich kleine Werth von z noch immer kleiner bis Null werde, dann auch einerseits jenes Intervall von u, innerhalb dessen der Bruch endlich ist, und andererseits die ausserhalb dieses Intervalles stattfindenden unendlich kleinen Werthe des Bruches immer kleiner bis Null werden. Daraus folgt, dass, wenn man die in $F'-A$ und G' angedeutete Integration nach u von $u=0$ bis zu einem beliebigen endlichen Werthe von u ausführt, man dadurch Grössen erhalten muss, die mit z zugleich unendlich klein und Null werden.

Man kann dieses letztere Resultat auch noch auf eine andere Art beweisen, welche vielleicht noch klarer ist. Betrachten wir zuerst die Grösse $F'-A$, so ist darin der vorher besprochene Bruch mit dem Factor m' behaftet, welcher von u abhängt. Wenn nun die Integration nach u zwischen irgend zwei Grenzen ausgeführt werden soll, so kann man sicher sein, dass das dadurch entstehende Integral seinem Werthe nach zwischen denjenigen beiden Integralen liegt, welche man erhält, wenn man statt der veränderlichen Grösse m' ein Mal den grössten Werth, welchen sie zwischen jenen beiden Grenzen von u hat, und das andere Mal den kleinsten Werth setzt, und dann die Integration ausführt. Wenn man daher findet, dass diese beiden letzten Integrale unendlich klein oder Null werden, so muss man schliessen, dass dasselbe auch mit jenem ursprünglich gegebenen Integrale der Fall ist. Ebenso verhält es sich mit der Grösse G' in Bezug auf den Factor n. Nun lässt sich aber in beiden Grössen, wenn man für m' und n constante Werthe setzt, die Integration nach u sofort wirklich ausführen.

Bezeichnen wir die constanten Werthe zum Unterschiede mit m_1' und n_1 und integriren von $u=0$ bis $u=U$, wo U irgend einen endlichen Werth bedeuten soll, so kommt:

$$m_1' \int_0^U \frac{(u^2+z^2)^{\frac{3}{2}}-u^3}{(u^2+z^2)^{\frac{3}{2}}}\,du = m_1'\left(U - \frac{U^2+2z^2}{\sqrt{U^2+z^2}} + 2\sqrt{z^2}\right)$$

$$n_1 \int_0^U \frac{zu^2}{(u^2+z^2)^{\frac{3}{2}}}\,du = n_1\left[-\frac{zU}{\sqrt{U^2+z^2}} + z\log\left(U+\sqrt{U^2+z^2}\right) - z\log\sqrt{z^2}\right].$$

Man sieht sogleich aus der Form dieser Ausdrücke, dass sie mit z zugleich unendlich klein und Null werden, und zwar für alle beliebigen Werthe der constanten Factoren m_1' und n_1, und somit auch für die oben erwähnten grössten und kleinsten Werthe. Demnach muss dasselbe Resultat auch gültig bleiben, wenn statt der constanten Werthe wieder die veränderlichen Factoren m' und n eingeführt werden, und daraus folgt weiter, dass auch die ganzen Grössen $F'-A$ und G' mit z zugleich unendlich klein und Null werden müssen, und dass daher die Grössen F' und G' beim Durchgange von z durch Null keine sprungweise Aenderung erleiden können.

Da dasselbe, was hier von F' und G' gefunden ist, sich dem oben Gesagten nach auch auf die vollständigen in (113) gegebenen Ausdrücke von von F und G ausdehnen lässt, so können wir schreiben:

$$\left.\begin{aligned} F_{+0} - F_{-0} &= 0 \\ G_{+0} - G_{-0} &= 0\,. \end{aligned}\right\} \qquad (116)$$

Gehen wir nun zu der Gleichung (106a) zurück, und berücksichtigen dabei die Gleichung (107), so erhalten wir:

$$\left(\frac{dV'}{dz}\right)_{+0} - \left(\frac{dV'}{dz}\right)_{-0} = \varepsilon h_p (E_{+0} - E_{-0}) = -4\pi\varepsilon h_p\,.$$

Da die z-Axe in der Richtung der Normale genommen ist, so kann man statt des Differentialcoefficienten nach z auch den nach n schreiben, also:

$$\left(\frac{dV'}{dn}\right)_{+0} - \left(\frac{dV'}{dn}\right)_{-0} = -4\pi\varepsilon h_p\,.$$

Hieraus ergiebt sich nach dem, was in § 30 gesagt ist, sofort auch die zu beweisende Gleichung (IV.):

$$\left(\frac{dV}{dn}\right)_{+0} - \left(\frac{dV}{dn}\right)_{-0} = -4\pi\varepsilon h_p\,.$$

§ 33.

Specieller Fall, wenn an der betreffenden Stelle die Krümmung der Fläche unendlich gross ist, oder die Dichtigkeit sich unendlich schnell ändert.

Bei dem vorigen Beweise wurde vorausgesetzt, dass die Krümmung der Fläche an der betreffenden Stelle endlich sei, und auch h sich in der Nähe dieser Stelle nur allmälig ändere. Wir wollen nun diese Voraussetzung fallen lassen, und statt der Gleichungen (110) schreiben:

$$\left.\begin{aligned} \zeta &= m u^{1+\mu} \\ \frac{d\zeta}{du} &= m' u^{\mu} \\ \frac{h}{\gamma} - h_p &= n u^{\nu}, \end{aligned}\right\} \qquad (117)$$

worin m, m' und n dieselbe Bedeutung haben, wie früher, und μ und ν irgend welche positive Grössen sind. Wenn $\mu < 1$ ist, so wird der Differentialcoefficient $\frac{d^2\zeta}{du^2}$, und mit ihm die Krümmung der Fläche für $u = 0$ unendlich gross. Ist $\nu < 1$, so wird $\frac{d\left(\frac{h}{\gamma}\right)}{du}$ und daher im Allgemeinen auch $\frac{dh}{du}$ für $u = 0$ unendlich gross. Dessenungeachtet lässt sich beweisen, dass die Gleichung (IV.) gültig bleibt, so lange die Grössen μ und ν nur angebbare positive Werthe haben.

Wir können dabei wieder, nachdem wir die Grössen F und G in Reihen entwickelt haben, unsere Aufmerksamkeit auf das erste Glied jeder Reihe beschränken, denn man erkennt leicht, dass, wenn sich für dieses Glied die fraglichen Eigenschaften nachweisen lassen, (nämlich dass die Integration bestimmt ausführbar ist, und das Integral beim Durchgange von z durch Null keine sprungweise Aenderung erleidet), dann dieser Nachweis bei den höheren Gliedern um so weniger Schwierigkeiten haben kann. Wir erhalten daher statt (114) die Ausdrücke:

$$\left.\begin{aligned} F' &= \iint m' \frac{u^{2+\mu}}{(u^2+z^2)^{\frac{3}{2}}}\, du\, d\varphi \\ G' &= -\iint n \frac{z u^{1+\nu}}{(u^2+z^2)^{\frac{3}{2}}}\, du\, d\varphi\,. \end{aligned}\right\} \qquad (118)$$

In den hier vorkommenden Brüchen sind, wenn μ und ν kleiner als 1 sind, die Zähler von niedrigerem Grade als die Nenner, und die Brüche bleiben daher nicht für alle Werthe von z und u endlich. Indessen lässt sich diese

Schwierigkeit durch die schon in § 23 angewandte Art der Umforung beseitigen. Führen wir nämlich statt der Veränderlichen u die beiden Veränderlichen u' und u'' ein mit der Bedeutung:

$$u' = u^{\mu} \text{ und } u'' = u^{\nu} ,$$

so kommt:

$$\left.\begin{aligned} F' &= \iint \frac{m'}{\mu} \cdot \frac{u'^{\frac{3}{\mu}}}{(u'^{\frac{2}{\mu}} + z^2)^{\frac{3}{2}}} \, du' d\varphi \\ G' &= -\iint \frac{n}{\nu} \cdot \frac{z u''^{\frac{2}{\nu}}}{(u''^{\frac{2}{\nu}} + z^2)^{\frac{3}{2}}} \, du'' d\varphi \, . \end{aligned}\right\} \qquad (119)$$

Bei dieser Form der Ausdrücke bleiben die zu integrirenden Functionen für alle Werthe von z und von u' und u'' endlich, und es lassen sich auf diese Ausdrücke dieselben Betrachtungen anwenden, wie auf die Ausdrücke (114) im vorigen §, und man erhält daher wieder als Resultat die Gleichung (IV.).

Diese Gleichung hört erst dann auf gültig zu sein, wenn die Gleichungen (117) für keine angebbaren positiven Werthe von μ und ν anwendbar sind. Dabei ist aber zu bemerken, dass die meisten Fälle dieser Art schon von selbst von dem durch die Gleichung (IV.) ausgedrückten Satze ausgeschlossen sind. Bildet die Fläche an der betreffenden Stelle eine scharfe Spitze oder Kante, so dass es dort keine bestimmte Tangentialebene giebt, so giebt es auch keine bestimmte Normale, und der Differentialcoefficient $\frac{dV}{dn}$ hat daher keinen Sinn. Erleidet ferner die Dichtigkeit h gerade an der betreffenden Stelle eine sprungweise Aenderung, so hat h_p keinen bestimmten Werth und die Gleichung verliert dadurch ihre Bedeutung. Es bleiben also nur solche Fälle übrig, wie zu Ende des §. 23 einer als Beispiel angeführt ist, welche aber zu speciell sind, um sich einer besonderen Betrachtung zu verlohnen.

§ 34.

Bestimmung der Potentialfunction einer Kugelschicht, in welcher die Dichtigkeit eine Function des Radius ist.

Ich glaube, dass es zweckmässig sein wird, zum Schlusse dieses Abschnittes zur Veranschaulichung der bisher gewonnenen Resultate ein bestimmtes Beispiel zu betrachten. Dazu ist besonders der Fall geeignet, wo der wirksame Körper eine Kugelschicht ist, in welcher die Dichtigkeit innerhalb jeder concentrischen Kugelfläche constant ist, aber von einer solchen Kugelfläche zur anderen variiren kann. Für eine Kugelschicht dieser Art hat nämlich die Potentialfunction eine sehr einfache Gestalt, und ausserdem ist auch die Kenntniss dieses Falles für manche andere Betrachtungen nützlich.

Es sei also ein Raum gegeben, welcher zwischen zwei concentrischen Kugelflächen mit den Radien a und A liegt und von dem wirksamen Agens in der Weise erfüllt ist, dass die Dichtigkeit k nur eine Function des Radius ist.

Wir gehen zur Bestimmung der Potentialfunction von der Gleichung (22) aus, nämlich:

$$V = \varepsilon \int \frac{k}{r}\, d\tau \,.$$

Um das hierin vorkommende Integral zu berechnen, wollen wir Polarcoordinaten um den Mittelpunct der Kugelschicht einführen. Die vom Mittelpuncte aus durch den Punct p gezogene Gerade möge die Axe des Systemes sein. Denken wir uns nun vom Mittelpuncte aus nach dem Puncte der Schicht, wo sich das Raumelement $d\tau$ befindet, einen Leitstrahl gezogen, so soll die Länge dieses Leitstrahles mit ϱ, der Winkel, welchen der Leitstrahl mit der Axe bildet, mit ϑ, und endlich der Winkel, welchen die durch bie Axe und den Leitstrahl gelegte Ebene mit irgend einer durch die Axe gehenden festen Ebene bildet, mit φ bezeichnet werden. Führen wir dann noch für den Abstand des in der Axe liegenden Punctes p vom Mittelpuncte den Buchstaben l ein, so erhalten wir für die Grösse r, die Entfernung des Raumelementes $d\tau$ vom Puncte p, den Ausdruck:

$$r = \sqrt{\varrho^2 + l^2 - 2\varrho l \cos\vartheta}\,,$$

und können zugleich für das Raumelement $d\tau$ die bekannte Formel

$$d\tau = \varrho^2 \sin\vartheta \, d\varrho \, d\vartheta \, d\varphi$$

anwenden. Dadurch geht die obige Gleichung über in:

$$V = \varepsilon \iiint \frac{k\varrho^2 \sin\vartheta}{\sqrt{\varrho^2 + l^2 - 2\varrho l \cos\vartheta}}\, d\varrho \, d\vartheta \, d\varphi\,, \qquad (120)$$

worin die Integration nach φ von o bis 2π, nach ϑ von o bis π und nach ϱ von a bis A auszuführen ist.

Die Integrationen nach φ und ϑ lassen sich sofort ausführen und geben:

$$V = \frac{2\pi\varepsilon}{l} \int_a^A k\varrho\,(\sqrt{\varrho^2 + l^2 + 2\varrho l} - \sqrt{\varrho^2 + l^2 - 2\varrho l})\, d\varrho\,. \qquad (121)$$

Die hierin unter den beiden Wurzelzeichen befindlichen Ausdrücke sind vollständige Quadrate, und die Quadratwurzeln lassen sich daher ausziehen; indessen ist dabei noch eine besondere Bemerkung zu machen. Jede der beiden Quadratwurzeln kann, an sich genommen, sowohl positiv als negativ sein; im vorliegenden Falle aber, wo die Quadratwurzeln specielle Werthe der Entfernung r sind, welche eine absolute Grösse ist, dürfen wir von den beiden Werthen jeder Wurzel nur den positiven anwenden. Wir haben also zu setzen:

$$\sqrt{\varrho^2 + l^2 + 2\varrho l} = \varrho + l$$

$$\sqrt{\varrho^2 + l^2 - 2\varrho l} = \varrho - l, \text{ wenn } \varrho > l$$

$$= l - \varrho, \text{ wenn } \varrho < l\,.$$

Hierdurch nimmt die unter dem Integralzeichen stehende Differenz der beiden Wurzeln folgende zwei verschiedene Formen an. Wenn $\varrho > l$, so ist:

$$\sqrt{\varrho^2 + l^2 + 2\varrho l} - \sqrt{\varrho^2 + l^2 - 2\varrho l} = \varrho + l - (\varrho - l) = 2l\,. \qquad (122)$$

Wenn $\varrho < l$, so ist:

$$\sqrt{\varrho^2 + l^2 + 2\varrho l} - \sqrt{\varrho^2 + l^2 - 2\varrho l} = \varrho + l - (l - \varrho) = 2\varrho\,. \qquad (122\,\text{a})$$

Wegen dieser Verschiedenheit des zu integrirenden Ausdruckes müssen wir nun in Bezug auf die Lage des Punctes p drei Fälle unterscheiden.

1) Der Punct p liege innerhalb des Hohlraumes der Kugelschicht.

In diesem Falle ist $l < a$, und somit müssen alle bei der Integration vorkommenden Werthe von ϱ grösser als l sein, woraus folgt, dass von den beiden Gleichungen (122) und (122 a) die erstere anzuwenden ist. Dadurch nimmt der Ausdruck der Potentialfunction, welche wir für diesen Fall mit V_i bezeichnen wollen, folgende Form an:

$$V_i = \frac{2\pi\varepsilon}{l} \int_a^A k\varrho\,.\,2l\, d\varrho$$

oder:

$$V_i = 4\pi\varepsilon \int_a^A k\varrho\, d\varrho\,. \qquad (123)$$

Dieser Ausdruck ist von l unabhängig, und es folgt daraus, dass innerhalb des Hohlraumes die Potentialfunction constant ist. Die Kraft welche das in der Kugelschicht befindliche Agens auf eine irgend wo im Hohlraume gedachte Menge des Agens ausüben würde, muss also Null sein.

Nimmt man speciell an, die Dichtigkeit k sei constant und somit die Kugelschicht homogen, so kann mann auch die Integration nach ϱ ausführen, und erhält:

$$V_i = 2\pi\varepsilon k (A^2 - a^2) \,. \tag{123a}$$

2) Der Punct p liege ausserhalb der Kugelschicht.

In diesem Falle ist $l > A$, und somit können nur solche Werthe von ϱ bei der Integration vorkommen, die kleiner als l sind, und man hat daher die Gleichung (122a) anzuwenden. Die Potentialfunction, welche für diesen Fall mit V_e bezeichnet werden möge, nimmt also folgende Form an:

$$V_e = \frac{2\pi\varepsilon}{l}\int_a^A k\varrho \,.\, 2\varrho \, d\varrho = \frac{4\pi\varepsilon}{l}\int_a^A k\varrho^2 \, d\varrho \,.$$

Schreiben wir diesen Ausdruck in der Gestalt

$$V_e = \frac{\varepsilon}{l}\int_a^A k \,.\, 4\pi\varrho^2 d\varrho \,,$$

so stellt das Product $4\pi\varrho^2 d\varrho$ das Volumen einer unendlich dünnen Kugelschicht zwischen zwei Kugelflächen mit den Radien ϱ und $\varrho + d\varrho$ dar, und das Product $k.\ 4\pi\varrho^2 d\varrho$ bedeutet die in dieser unendlich dünnen Kugelschicht enthaltene Menge des Agens. Demnach ist die Grösse, welche man durch die Integration erhält, nichts weiter, als die in der ganzen gegebenen Kugelschicht enthaltene Menge des Agens. Bezeichnen wir diese Menge mit Q, so lautet die Gleichung:

$$V_e = \varepsilon \frac{Q}{l} \,. \tag{124}$$

Da l der Abstand des Punctes p vom Mittelpuncte der Kugelschicht ist, so sieht man, dass für jeden im äusseren Raume gelegenen Punct die Potentialfunction denselben Werth hat, und demnach auch die Kraft, welche die Kugelschicht auf eine in dem Puncte gedachte Menge des Agens ausübt, in derselben Weise stattfindet, wie wenn die ganze in der Kugelschicht enthaltene Menge des Agens im Mittelpuncte concentrirt wäre.

Für den speciellen Fall, wo die Dichtigkeit k constant ist, kann man die vorige Gleichung auch so schreiben:

$$V_e = \frac{4\pi}{3}\,\varepsilon k\,\frac{A^3 - a^3}{l}\,. \tag{124 a}$$

3) Der Punct p liege in der Kugelschicht selbst.

In diesem Falle liegt der Werth von l zwischen a und A, und demnach sind die bei der Integration vorkommenden Werthe von ϱ zum Theil kleiner, zum Theil grösser als l. Wir müssen daher das in der Gleichung (121) vorkommende Integral in zwei Integrale zerlegen. Das erste ist von a bis l zu nehmen, und in ihm ist die Gleichung (122 a) anzuwenden; das zweite ist von l bis A zu nehmen, und in ihm ist die Gleichung (122) anzuwenden. Es kommt also, wenn wir die Potentialfunction für diesen Fall mit V_m bezeichnen:

$$V_m = \frac{2\pi\varepsilon}{l}\left(\int_a^l k\varrho\,.\,2\varrho d\varrho + \int_l^A k\varrho\,.\,2l d\varrho\right)$$

oder:

$$V_m = 4\pi\varepsilon\left(\frac{1}{l}\int_a^l k\varrho^2 d\varrho + \int_l^A k\varrho\, d\varrho\right). \tag{125}$$

Für den Fall, wo k constant ist, lassen sich die Integrationen ausführen, und man erhält:

$$V_m = 2\pi\varepsilon k\left(A^2 - \frac{1}{3}\,l^2 - \frac{2}{3}\cdot\frac{a^3}{l}\right). \tag{125 a}$$

§ 35.

Bestimmung der Potentialfunction einer homogenen Kugelschicht unter Anwendung der Gleichung (III.).

Für den speciellen Fall, wo die Dichtigkeit k constant, und somit die Kugelschicht homogen ist, kann man zur Bestimmung der Potentialfunction auch von dem in Gleichung (III.) § 17 gegebenen Ausdrucke Gebrauch machen, und ich will, um auch von der Anwendung dieser Gleichung ein Beispiel zu geben, diese Bestimmungsweise noch kurz hinzufügen.

Die Gleichung (III.) lautet:

$$V = \frac{\varepsilon k}{2}\int i d\omega\,,$$

worin die Integration über die Oberfläche des gegebenen Körpers, also im vorliegenden Falle über die beiden Kugelflächen, welche die Kugelschicht begrenzeu, auszuführen ist. Wir wollen dabei wieder dieselben Polarcoordinaten wie im vorigen § anwenden.

Betrachten wir zunächst die grosse Kugelfläche mit dem Radius A, so haben wir für ein Element $d\omega$ derselben folgenden Ausdruck:

$$d\omega = A^2 \sin\vartheta \, d\vartheta \, d\varphi \, .$$

Der mit i bezeichnete Cosinus, nämlich der Cosinus desjenigen Winkels, welchen die vom Puncte p, (also von dem Puncte, welcher in der Axe des Coordinatensystemes um die Strecke l vom Mittelpuncte entfernt liegt,) nach dem Flächenelemente $d\omega$ gezogene Gerade mit der dort errichteten Normale, (also mit dem Radius) bildet, wird bestimmt durch die Gleichung:

$$i = \frac{A - l\cos\vartheta}{\sqrt{A^2 + l^2 - 2Al\cos\vartheta}} \, .$$

Demnach gilt für den Theil des Integrals, welcher sich auf die grosse Kugelfläche bezieht, und welcher T heissen möge, die Gleichung:

$$T = A^2 \iint \frac{(A - l\cos\vartheta)\sin\vartheta}{\sqrt{A^2 + l^2 - 2Al\cos\vartheta}} \, d\vartheta \, d\varphi \, ,$$

worin das Integral nach φ von 0 bis 2π und das Integral nach ϑ von 0 bis π zu nehmen ist. Durch die Ausführung dieser beiden Integrationen erhält man:

$$T = \frac{2\pi}{3l}\left[(2A^2 - l^2 + Al)\sqrt{A^2 + l^2 + 2Al} - (2A^2 - l^2 - Al)\sqrt{A^2 + l^2 - 2Al}\right] .$$

In Bezug auf die beiden hierin vorkommenden Wurzeln gilt dieselbe Bemerkung, welche schon im vorigen § gemacht ist. Man hat von den beiden dem Vorzeichen nach entgegengesetzten Werthen, welche jede Wurzel haben kann, immer den positiven zu nehmen. Die erste Wurzel ist daher ein für alle Mal $A + l$. Für die zweite dagegen ist, wenn $l < A$ ist, der Ausdruck $A - l$, und wenn $l > A$ ist, der Ausdruck $l - A$ anzuwenden. Im ersteren Falle, d. h. wenn der Punct p innerhalb der grossen Kugelfläche liegt, wollen wir das Integral T_i und im zweiten Falle, d. h. wenn p ausserhalb der grossen Kugelfläche liegt, wollen wir es mit T_e bezeichnen. Dann erhalten wir:

$$\left.\begin{aligned} T_i &= 4\pi\left(A^2 - \frac{l^2}{3}\right) \\ T_e &= \frac{8\pi}{3} \cdot \frac{A^3}{l} \, . \end{aligned}\right\} \qquad (126)$$

Den auf die kleine Kugelfläche bezüglichen Theil des ganzen Integrals können wir aus dem Vorigen leicht ableiten. Ausser dem Unterschiede, dass an die Stelle von A jetzt a treten muss, besteht noch die Verschiedenheit, dass bei der Bestimmung des mit i bezeichneten Cosinus die auf dem Flächenelemente $d\omega$ errichtete Normale, welche wieder in die Richtung des Radius fällt, nicht nach der Seite, wohin der Radius wächst, sondern nach der, wohin er abnimmt, als positiv zu betrachten ist. Bei der Einführung dieses Cosinus ist nämlich festgesetzt, dass die Normale immer von dem mit dem Agens erfüllten Körper nach dem umgebenden leeren Raume hin als positiv gerechnet werden soll, und dieser leere Raum ist bei der kleinen Kugelfläche der von ihr eingeschlossene Hohlraum. Durch diese Verschiedenheit ändert die Grösse i und mit ihr der ganze auf die kleine Kugelfläche bezügliche Theil des Integrals das Vorzeichen Nennen wir diesen Theil des Integrals t, und zwar, jenachdem p innerhalb oder ausserhalb der kleinen Kugelfläche liegt, t_i und t_e, so kommt:

$$\left.\begin{aligned} t_i &= 4\pi\left(-a^2+\frac{l^2}{3}\right) \\ t_e &= -\frac{8\pi}{3}\cdot\frac{a^3}{l}\,. \end{aligned}\right\} \tag{126a}$$

Mit Hülfe dieser Werthe können wir die Potentialfunction für jede mögliche Lage des Punctes p sofort hinschreiben. Wir wollen die Potentialfunction, wie im vorigen § in dem Falle, wenn p innerhalb des Hohlraumes, also innerhalb beider Kugelflächen liegt, mit V_i, wenn p in der Schicht selbst, also innerhalb der grossen und ausserhalb der kleinen Kugelfläche liegt, mit V_m, und wenn p ausserhalb der Schicht, also ausserhalb beider Kugelflächen liegt, mit V_e bezeichnen. Dann erhalten wir:

$$\left.\begin{aligned} V_i &= \frac{\varepsilon k}{2}\left(T_i+t_i\right) = 2\pi\varepsilon k\left(A^2-a^2\right) \\ V_m &= \frac{\varepsilon k}{2}\left(T_i+t_e\right) = 2\pi\varepsilon k\left(A^2-\frac{1}{3}\,l^2-\frac{2}{3}\cdot\frac{a^3}{l}\right) \\ V_e &= \frac{\varepsilon k}{2}\left(T_e+t_e\right) = \frac{4\pi}{3}\,\varepsilon k\,\frac{A^3-a^3}{l}\,, \end{aligned}\right\}\cdot \tag{127}$$

welche Ausdrücke mit den im vorigen § gefundenen übereinstimmen.

Als specielle Fälle der vorstehenden Gleichungen will ich folgende zwei hervorheben.

Wenn a—0 ist, so hat man es nicht mehr mit einer Kugelschicht, sondern mit einer Vollkugel zu thun. In diesem Falle findet die mit V_i bezeichnete Potentialfunction keine Anwendung; aber die beiden anderen mit V_m und V_e bezeichneten bleiben gültig, und ihre Ausdrücke vereinfachen sich durch Einsetzung des Werthes 0 für a in leicht ersichtlicher Weise.

Der zweite specielle Fall, welcher besonders für die Electricitätslehre von Interesse ist, ist der, wenn man die Schicht als unendlich dünn annimmt, und dabei zugleich die Dichtigkeit k als unendlich gross, so dass die in der Schicht enhaltene Menge des Agens eine endliche Grösse bleibt. Wir wollen für diesen Fall die erste und letzte der Formeln (127) in folgender Weise schreiben:

$$V_i = 2\pi\varepsilon k(A-a)(A+a)$$
$$V_e = \frac{4\pi\varepsilon}{3} k(A-a)\frac{A^2+Aa+a^2}{l}.$$

Nehmen wir nun an, dass die Dicke $A-a$ unendlich abnehme, und zugleich die Dichtigkeit k in demselben Verhältnisse unendlich zunehme, so dass das Product $k(A-a)$ eine bestimmte endliche Grösse bleibe, welche h heissen möge, so nähern sich beide Ausdrücke bestimmten Grenzwerthen, welche dieselben sind, die man erhält, wenn man von vorne herein nur eine einzelne mit dem Agens bedeckte Kugelfläche betrachtet, und unter h die Flächendichtigkeit versteht. Zur Bildung dieser Grenzwerthe hat man in den Summen $A+a$ und A^2+Aa+a^2 zu setzen $A=a$, und die Formeln lauten daher:

$$\left.\begin{aligned} V_i &= 4\pi\varepsilon ha \\ V_e &= 4\pi\varepsilon h\frac{a^2}{l}. \end{aligned}\right\} \qquad (128)$$

Will man in allen in diesem und im vorigen § betrachteten Fällen die Potentialfunction als Function rechtwinkliger Coordinanten haben, so braucht man in den gewonnenen Formeln nur für die Grösse l den Ausdruck zu setzen, welcher sie in rechtwinkligen Coordinaten darstellt. Sind nämlich x_0, y_0, z_0 die Coordinaten des Mittelpunctes der Kugelschicht so hat man zu setzen:

$$l = \sqrt{(x-x_0)^2+(y-y_0)^2+(z-z_0)^2}.$$

Nach dieser Einsetzung kann man leicht die ersten und zweiten Differentialcoefficienten nach jeder der drei Coordinaten ableiten, und kann die erhaltenen Ausdrücke mit den im Obigen mitgetheilten allgemeinen Sätzen vergleichen.

II. Das Potential.

§ 36.

Ausgangspuncte für die Auseinandersetzung.

Um den Begriff des Potentials und die Rolle, welche es bei physikalischen Untersuchungen spielt, erläutern zu können, muss ich zwei Fundamentalsätze der Mechanik voraussetzen, nämlich 1) den Satz von den virtuellen Bewegungen oder, wie man gewöhnlich sagt, von den virtuellen Geschwindigkeiten, und 2) das D'ALEMBERT'sche Princip. Es ist hier nicht der Ort dazu, diese Sätze zu entwickeln und zu beweisen, sondern ich will sie nur anführen, um die weiteren Betrachtungen daran anknüpfen zu können. Dabei will ich sie aber in etwas vollständigerer Form aussprechen, als es gewöhnlich geschieht, weil es für physikalische Untersuchungen von Wichtigkeit ist, genau zu wissen, unter welchen Bedingungen sie gültig sind, und welche Modificationen sie erleiden, wenn die Bedingungen sich ändern.

§ 37.

Begriff der virtuellen Bewegungen und Unterscheidung zweier Fälle.

Es sei irgend ein System von beweglichen Puncten p, p_1, p_2 etc. gegeben, welche entweder ganz frei nach jeder beliebigen Richtung beweglich oder durch gewisse Bedingungen in ihren Bewegungen beschränkt seien. Solche beschränkende Bedingungen können in dem Systeme selbst liegen, wenn die Puncte irgend wie unter einander in Verbindung stehen, so dass durch die Bewegung einiger Puncte die Bewegung anderer ganz oder theilweise bestimmt ist; oder sie können von aussen her gegeben sein, wie z. B. wenn ein Punct gezwungen ist, in einer gegebenen festen Fläche oder Curve zu bleiben, oder ganz fest an einer Stelle zu verharren, wodurch dann natürlich auch die anderen Puncte, welche mit diesem zusammenhängen, entsprechenden Beschränkungen in ihren Bewegungen unterliegen.

In Bezug auf die beschränkenden Bedingungen findet noch ein wesentlicher Unterschied statt. Wenn ein Punct gezwungen ist, in einer festen Fläche zu bleiben, so kann er sich senkrecht gegen die Fläche weder nach der einen noch nach der anderen Seite bewegen. Denkt man sich aber, der Punct befinde sich an der Oberfläche eines festen, für ihn undurchdringlichen Körpers, so kann er sich in der Richtung der Normale nach der einen Seite, welche nach dem Innern des Körpers geht, nicht bewegen, während nach der anderen Seite, welche nach aussen geht, seine Bewegung frei ist. Ebenso verhält es sich mit der Electricität in einem leitenden Körper, welcher von Nichtleitern umgeben ist: ein an der Oberfläche befindliches Electricitätstheilchen kann sich wohl nach dem Innern des Leiters aber nicht nach aussen bewegen. Denkt man sich ferner zwei bewegliche Puncte, welche durch eine starre Linie unter einander verbunden sind, so können sie sich weder einander nähern, noch von einander entfernen; sind sie dagegen durch einen biegsamen Faden verbunden, und nimmt man an, sie seien schon so weit von einander entfernt, dass der Faden gespannt sei, so können sie sich zwar nicht weiter von einander entfernen, wohl aber einander nähern. Ich werde solche Bewegungshindernisse, welche nach einer Richtung hin die Bewegung unmöglich machen, nach der entgegengesetzten Richtung aber sie frei lassen, Bewegungshindernisse mit einseitigem Widerstande nennen; solche dagegen, bei denen jede zwei entgegengesetzte Richtungen sich gleich verhalten, so dass, wenn nach der einen Seite die Bewegung verhindert ist sie auch nach der entgegengesetzten Seite nicht geschehen kann, sollen, wo es zur Unterscheidung nöthig ist, Bewegungshindernisse mit beiderseitigem Widerstande genannt werden.

Es möge nun das gegebene System von der Lage aus, in welcher es ursprünglich betrachtet wurde, eine unendlich kleine Bewegung machen, so dass die einzelnen Puncte unendlich kleine Wegstücke zurücklegen. Diese kleinen Wege dürfen dem Vorigen nach nicht als für jeden Punct beliebig betrachtet werden, sondern sie müssen so beschaffen sein, dass sie den beschränkenden Bedingungen, welchen die Bewegungen der Puncte unterworfen sind, genügen. Man hat daher ein solches System von unendlich kleinen Bewegungen, welche jenen Bedingungen nach möglich sind, indem man ursprünglich vorzugsweise die verschiedenen Geschwindigkeiten der gleichzeitigen Bewegungen in's Auge gefasst hat, ein System von virtuellen Geschwindigkeiten genannt. Diese Bezeichnung ist aber nicht ganz zweckmässig, weil durch die Geschwindigkeiten, mit welchen die Punte sich gleichzeitig bewegen, nur die verhältnissmässigen Längen der kleinen Wege, nicht aber ihre Richtungen, welche ebenfalls in Betracht kommen müssen, bestimmt werden. Ich glaube daher, dass es bezeichnender wäre, von virtuellen Bewegungen zu sprechen, denn bei dem Worte Bewegung denkt man sogleich an Grösse und Richtung, während das Wort Geschwindigkeit, wenigstens im gewöhnlichen Sprachgebrauche, die Richtung nicht mit in sich begreift.

In den meisten Fällen giebt es für dasselbe System von Puncten unendlich viele Systeme von virtuellen Bewegungen. Wenn alle vorkommenden Bewegungshindernisse solche mit beiderseitigem Widerstande sind, so gehört zu jeden Systeme von virtuellen Bewegungen auch das entgegengesetzte, indem die Puncte sich sowohl nach der einen als nach der anderen Seite bewegen können. Kommen dagegen Bewegungshindernisse mit einseitigem Widerstande vor, so giebt es Systeme von virtuellen Bewegungen, welche nach der einen Seite stattfinden können und nach der entgegengesetzten nicht. Wir wollen die erste Art von virtuellen Bewegungen umkehrbare und die letzte Art nichtumkehrbare nennen.

§ 38.

Begriff der virtuellen Momente und Ausdruck des betreffenden Satzes.

Es sei nun weiter angenommen, dass auf die einzelnen beweglichen Puncte Kräfte wirken. Wenn auf Einen Punct mehrere Kräfte wirken, so kann man diese entweder einzeln betrachten, oder sie sich auch in eine Resultante zusammengesetzt denken. Diese Kräfte werden mit den virtuellen Bewegungen in der Weise verbunden, dass man jede virtuelle Bewegung mit der in die Richtung der Bewegung fallenden Componente der auf den Punct wirkenden Kraft multiplicirt, und die dadurch entstehenden Producte werden die virtuellen Momente der Kräfte genannt. Es gehört also zu jedem Systeme von virtuellen Bewegungen ein System von virtuellen Momenten. Die einzelnen Momente können positiv oder negativ sein, jenachdem die betreffende Kraftcomponente nach der Seite hin gerichtet ist, wohin die Bewegung geht, oder nach der entgegengesetzten.

Mit Hülfe dieser virtuellen Momente kann man die Bedingungen, welche erfüllt sein müssen, damit das System von Puncten unter dem Einflusse der auf sie wirkenden Kräfte im Gleichgewichte sei, auf einfache Weise durch folgenden Satz ausdrücken: Es ist für das Gleichgewicht nothwendig und hinreichend, dass für alle vorkommenden Systeme von virtuellen Bewegungen die Summe der virtuellen Momente Null oder negativ ist.

Es versteht sich hiernach von selbst, dass für ein umkehrbares System von virtuellen Bewegungen das erstere stattfinden muss, dass die Summe der virtuellen Momente Null ist, denn hätte sie einen angebbaren negativen Werth, so würde man für die ebenfalls möglichen umgekehrten Bewegungen einen angebbaren positiven Werth erhalten, was dem Satze widerspricht. Für solche Fälle, wo nur umkehrbare virtuelle Bewegungen vorkommen, kann man daher einfach sagen: es muss für alle Systeme von virtuellen Bewegungen die Summe der virtuellen Momente Null sein. Dieses ist die Form, in welcher man den Satz gewöhnlich ausgesprochen findet, indem dabei die Fälle, wo nichtumkehrbare virtuelle Bewegungen vorkommen, ausser Acht gelassen sind.

Um den Satz mathematisch auszudrücken, seien δs, δs_1, δs_2 etc. die kleinen Wege, welche die Puncte bei einem Systeme von virtuellen Bewegungen zurücklegen; ferner P, P_1, P_2 etc. die Kräfte, welche auf die einzelnen Puncte wirken, wobei jetzt angenommen sein möge, dass, wenn auf einen Puncte mehrere Kräfte wirken, diese schon in eine Resultante zusammengefasst seien, endlich seien φ, φ_1, φ_2 etc. die Winkel zwischen den Kräften und den entsprechenden virtuellen Bewegungen. Dann werden die virtuellen Momente durch die Producte $P \cos \varphi . \delta s$, $P_1 \cos \varphi_1 . \delta s_1$, $P_2 \cos \varphi_2 . \delta s_2$ etc. dargestellt, und man erhält als Ausdruck des vorigen Satzes:

$$P \cos \varphi . \delta s + P_1 \cos \varphi_1 . \delta s_1 + P_2 \cos \varphi_2 . \delta s_2 + \text{etc.} \overline{\overline{<}}\, 0$$

oder kürzer:

$$\Sigma P \cos \varphi . \delta s \overline{\overline{<}}\, 0 \,, \qquad (129)$$

worin für den Fall, dass nur umkehrbare virtuelle Bewegungen vorkommen, nur das Zeichen $=$ anzuwenden ist, für den Fall aber, dass auch nichtumkehrbare Bewegungen vorkommen, beide Zeichen $=$ und $<$ gelten.

Für die Anwendung ist es bequemer, dem vorigen Ausdrucke eine etwas andere Gestalt zu geben. Bezeichnen wir die Veränderungen, welche die Coordinaten x, y, z des Punctes p durch die kleine Bewegung δs erleiden, mit δx, δy und δz, und zerlegen wir die auf den Punct wirkende Kraft P in ihre drei in die Coordinatenrichtungen fallenden Componenten X, Y und Z, so ist, wie sich leicht nachweisen lässt:

$$P\cos\varphi\,.\,\delta s = X\delta x + Y\delta y + Z\delta z\,,$$

und entsprechende Gleichungen gelten auch für die anderen Puncte, und man erhält daher statt (129):

$$\Sigma(X\delta x + Y\delta y + Z\delta z) \overline{\overline{<}}\, 0\,. \qquad (130)$$

§. 39.

Ausdruck desselben Satzes unter Anwendung des Begriffes der Arbeit.

Die im vorigen Satze mit dem Namen virtuelles Moment bezeichnete Grösse steht in innigem Zusammenhange mit einer anderen Grösse, welche in der Mechanik eine bedeutende Rolle spielt. Wenn ein Punct das Wegstückchen δs zurücklegt, und die in die Richtung des Weges fallende Kraftcomponente $P\cos\varphi$ an allen Puncten des kleinen Weges absolut gleich ist, so stellt das Product $P\cos\varphi.\,\delta s$ die bei der Bewegung von der Kraft gethane Arbeit dar. Die hierbei gemachte Voraussetzung, dass $P\cos\varphi$ seinen Werth während der Bewegung nicht ändere, ist aber im Allgemeinen nicht streng erfüllt. Wenn die wirksame Kraft an verschiedenen Stellen des Raumes nach Grösse und Richtung verschieden ist, so ist sie auch auf den verschiedenen Theilen des unendlich kleinen Weges nicht als absolut gleich zu betrachten; und wenn ferner δs nicht ein Stück einer geraden Linie, sondern ein Stück einer Curve ist, so liegt auch darin ein Grund, weshalb der Winkel φ zwischen Kraft und Weg für die verschiedenen Theile des Weges etwas verschieden sein muss, selbst wenn die Richtung der Kraft überall dieselbe wäre. Der vollständige Ausdruck der Arbeit lautet daher im Allgemeinen:

$$P\cos\varphi\,.\,\delta s + \frac{1}{2!}\cdot\frac{d(P\cos\varphi)}{ds}\delta s^2 + \frac{1}{3!}\cdot\frac{d^2(P\cos\varphi)}{ds^2}\delta s^3 + \text{etc.}$$

Das erste Glied dieses Ausdruckes ist dasselbe, was im Vorigen das virtuelle Moment der Kraft genannt wurde, und man sieht also, dass die von der Kraft bei der kleinen Bewegung gethane Arbeit sich von dem virtuellen Momente nur durch das Hinzukommen solcher Grössen unterscheidet, welche in Bezug auf die Weglänge von höherer als erster Ordnung sind.

Hiernach kann man den Gleichgewichtssatz auch folgendermaassen aussprechen: Für das Gleichgewicht ist es nothwendig und hinreichend, dass für jedes System von virtuellen Bewegungen die Summe der von allen Kräften gethanen Arbeitsgrössen entweder ein unendlich Kleines von höherer als erster Ordnung in Bezug auf die Weglängen, oder negativ ist. Wenn alle virtuellen Bewegungen umkehrbar sind, so gilt nur das Erstere, dass die Gesammtarbeit ein unendlich Kleines von höherer Ordnung sein muss.

Man kann bei dieser Art den Gleichgewichtssatz auszusprechen noch eine weitere Angabe hinzufügen. Daraus, dass die unendlich kleinen Grössen höherer Ordnung positiv oder negativ sein können, entsteht der Unterschied des stabilen und labilen Gleichgewichtes, und zwar in folgender Weise. Ist für alle Systeme von virtuellen Bewegungen die Gesammtarbeit aller Kräfte negativ, so ist das Gleichgewicht stabil; ist sie für alle Systeme positiv, so ist das Gleichgewicht labil; ist sie endlich, was auch vorkommt, für einige Systeme negativ und für andere positiv, so kann man das Gleichgewicht weder vollkommen stabil noch vollkommen labil nennen.

§ 40.

Das D'ALEMBERT'sche Princip.

Aus dem Gleichgewichtssatze lässt sich mit Hülfe des D'ALEMBERT'schen Principes der allgemeine Satz der Bewegung ableiten.

Dabei müssen wir aber die beschränkenden Bedingungen, welchen die Bewegungen der Puncte unterworfen sind, zum Theil etwas anders betrachten, als vorher. Es wurde im Vorigen angenommen, dass auch Bewegungshindernisse mit einseitigem Widerstande vorkommen können, von denen vorausgesetzt wurde, dass sie einem beliebigen auf sie ausgeübten Drucke widerstehen, ohne dass dabei die Kraft, mittelst deren sie diesen Widerstand leisten, in Betracht gezogen wurde. Bei der Bewegung aber lässt sich die Sache häufig nicht so einfach abmachen, denn wenn man z. B. annehmen wollte, dass ein Punct mit einer gewissen Geschwindigkeit gegen eine absolut feste Wand flöge, so würde daraus eine plötzliche Vernichtung der Bewegung folgen, wie sie in der Natur nicht vorkommt. Wenn ein Körper gegen eine feste Wand fliegt, so findet eine gegenseitige Einwirkung zwischen Wand und Körper statt, welche von zwar sehr kurzer aber doch endlicher Dauer ist; während dieser Zeit erleiden die Bewegungen der Theile des Körpers gewisse Aenderungen, und auch die Wand bleibt nicht ganz in Ruhe, sondern geräth ebenfalls etwas in Bewegung und nimmt dadurch einen Theil der lebendigen Kraft des Körpers in sich auf.

Um die Wirkung vollständig verfolgen zu können, muss man die Wand und die übrigen Gegenstände, mit welchen sie in Verbindung steht, selbst als Körper betrachten, deren Theile der Bewegung fähig und dabei mit gewissen Kräften begabt sind, welche während des Stosses wirksam werden. Durch dieses Verfahren, welches man in allen anderen ähnlichen Fällen ebenfalls anwenden kann, wird das in Betracht kommende bewegliche System vergrössert, aber dafür fallen die Bewegungshindernisse mit einseitigem Widerstande als solche aus der Betrachtung fort. Es giebt freilich Fälle, wo eine Fläche, welche einseitig der Bewegung widersteht, ohne erheblichen Fehler als absolut fest betrachtet werden kann; indessen kann man dieses in den betreffenden Fällen zur Vereinfachung der Rechnung benutzen, ohne dass es nöthig wäre, in der hier folgenden allgemeinen Betrachtung darauf Rücksicht zu nehmen. Wir wollen daher im Folgenden voraussetzen, dass keine Bewegungshindernisse mit einseitigem Widerstande vorkommen, und dass somit alle virtuellen Bewegungen umkehrbar seien.

Wir wenden uns nun wieder zu dem früher betrachteten Systeme von beweglichen Puncten, worunter wir jetzt materielle Puncte mit den Massen m, m_1, m_2 etc. verstehen, und deren Coordinaten, welche der Reihe nach x, y, z; x_1, y_1, z_1 etc. heissen mögen, wir als Functionen der Zeit t betrachten. Wir bilden nun für den ersten Punct, auf welchen eine Kraft wirkt, deren Componenten X, Y und Z sind, folgende Grössen:

$$X - m\frac{d^2x}{dt^2}\,; \quad Y - m\frac{d^2y}{dt^2}\,; \quad Z - m\frac{d^2z}{dt^2}\,,$$

ebenso für den zweiten Punct die Grössen:

$$X_1 - m_1\frac{d^2x_1}{dt^2}\,; \quad Y_1 - m_1\frac{d^2y_1}{dt^2}\,; \quad Z_1 - m_1\frac{d^2z_1}{dt^2}$$

u. s. w. Diese Grössen, welche man die Componenten der verlorenen Kräfte nennt, müssen in dem Ausdrucke (130) an die Stelle der Componenten der gegebenen wirksamen Kräfte gesetzt werden. Dadurch erhält man, da von den beiden Zeichen $=$ und $<$ nur das erstere anzuwenden ist, weil alle virtuellen Bewegungen als umkehrbar angenommen werden, folgende Gleichung:

$$\sum\left[\left(X-m\frac{d^2x}{dt^2}\right)\delta x+\left(Y-m\frac{d^2y}{dt^2}\right)\delta y+\left(Z-m\frac{d^2z}{dt^2}\right)\delta z\right]=0. \quad (131)$$

Hierin bezieht sich das Summenzeichen auf alle Massen, welche an der Bewegung theilnehmen, auch wenn darunter solche vorkommen, auf die keine der gegebenen Kräfte direct einwirkt, während in dem für das Gleichgewicht geltenden Ausdrucke (130), wenn mehrere Puncte untereinander in Verbindung sind, von denen einige unter der Einwirkung von Kräften stehen und andere nicht, nur die ersteren unter dem Summenzeichen enthalten sind.

Dieses ist die allgemeine Bewegungsgleichung, welche bekanntlich in der Mechanik von grosser Wichtigkeit ist. Sie bleibt auch gültig, wenn die beweglichen Massen nicht in Puncten concentrirt sind, sondern Räume stetig ausfüllen, in welchem Falle die Summation durch eine Integration zu ersetzen tst, was nach gewissen Umformungen des Ausdruckes geschehen kann.

§ 41.

Satz von der Aequivalenz von lebendiger Kraft und Arbeit, und Bedingung, welche für seine Gültigkeit erfüllt sein muss.

Wir wollen nun die Gleichung (131) dazu anwenden, den Satz von der Aequivalenz von lebendiger Kraft und mechanischer Arbeit abzuleiten.

Dazu müssen wir zunächst wieder über die beschränkenden Bedingungen, welchen die Bewegungen der Puncte unterworfen sind, sprechen. Bei den Betrachtungen über das Gleichgewicht konnte es als von selbst verständlich angesehen werden, dass diese Bedingungen der Art seien, dass durch sie allein keine Bewegung der Puncte veranlasst werden könne. Wenn also z. B. von einem der Puncte angenommen wurde, dass er gezwungen sei, in einer gegebenen Fläche zu bleiben, so wurde diese Fläche als fest und unveränderlich vorausgesetzt, denn wenn die Fläche sich bewegte oder mit der Zeit ihre Gestalt änderte, so würde dadurch allein schon eine Bewegung des Punctes bedingt sein, so dass die zum Gleichgewichte gehörige Ruhe nicht möglich wäre. Bei den Betrachtungen über die Bewegung dagegen brauchen solche Fälle nicht ausgeschlossen zu werden, denn man kann sehr wohl die Bewegung eines Punctes betrachten, welcher sich in einer bewegten Fläche befindet und deren Bewegung mitmacht, und ausserdem in der Fläche durch die auf ihn wirkende Kraft noch besonders bewegt wird.

Mathematisch ist die Bedingung, dass ein Punct, dessen Coordinaten x, y, z heissen, in einer festen Fläche bleiben muss, darzustellen durch eine Gleichung von der Form:

$$F(x, y, z) = 0 ;$$

dagegen die Bedingung, dass der Punct in einer Fläche bleiben muss, die selbst beweglich oder mit der Zeit veränderlich ist, durch eine Gleichung von der Form:

$$F(x, y, z, t) = 0 .$$

In ähnlicher Weise kann man den Unterschied zwischen den beiden Fällen, ob in den gegebenen Bedingungen, denen die Bewegungen der Puncte unterworfen sind, schon der Grund zur Entstehung von Bewegungen liegt oder nicht, allgemein dahin aussprechen, dass die Gleichungen, welche die Bedingungen darstellen, im ersteren Falle ausser den Coordinaten der gegebenen Puncte noch die Zeit oder andere von der Zeit abhängige Grössen, im letzteren Falle dagegen nur die Coordinaten der Puncte als Veränderliche enthalten.

Diese beiden Fälle unterscheiden sich wesentlich durch die Art, wie die wirklich stattfindende Bewegung mit den virtuellen Bewegungen zusammenhängt. Wenn man aus Bedingungsgleichungen, welche die Zeit enthalten, die virtuellen Bewegungen bestimmen will, so muss man dieses für einen bestimmten Zeitmoment thun, und die Zeit ist daher bei dieser Rechnung als eine constante Grösse zu behandeln. Sei z. B. eine solche Gleichung, welche die Coordinaten einer Anzahl von Puncten und ausserdem die Zeit enthält, in folgender Form gegeben:

$$F(x, y, z, x_1, y_1, z_1 \ldots\ldots t) = 0 , \qquad \textbf{(132)}$$

so erhält man daraus für die virtuellen Bewegungen zur Zeit t folgende Gleichung:

$$\frac{dF}{dx}\delta x + \frac{dF}{dy}\delta y + \frac{dF}{dz}\delta z + \frac{dF}{dx_1}\delta x_1 + \frac{dF}{dy_1}dy_1 + \frac{dF}{dz_1}dz_1 + \ldots\ldots = 0 , \qquad \textbf{(133)}$$

worin nur Differentialcoefficienten nach den Coordinaten der Puncte vorkommen. Betrachtet man dagegen die Bewegungen, welche die Puncte während der unendlich kleinen Zeit von t bis $t+dt$ wirklich ausführen, und deren Projectionen auf die Coordinatenaxen dx, dy, dz, dx_1, dy_1, dz_1 etc. heissen mögen, so muss man für diese eine Gleichung bilden, in welcher die Veränderung der Zeit mit berücksichtigt ist, nämlich:

$$\frac{dF}{dx}dx+\frac{dF}{dy}dy+\frac{dF}{dz}dz+\frac{dF}{dx_1}dx_1+\frac{dF}{dy_1}dy_1+\frac{dF}{dz_1}dz_1+\ldots\ldots+\frac{dF}{dt}dt=0. \quad (134)$$

Hieraus sieht man, dass in einem solchen Falle, wo die gegebenen Bedingungsgleichungen die Zeit enthalten, die für dx, dy, dz, dx_1, dy_1, dz_1 etc. geltenden Gleichungen verschieden sind von den für δx, δy, δz, δx_1, δy_1, δz_1, etc. geltenden, und dass daher das System von Bewegungen, welche die Puncte während der kleinen Zeit von t bis $t+dt$ wirklich ausführen, im Allgemeinen mit keinem der Systeme von virtuellen Bewegungen, welche für die Zeit t gelten, identisch sein kann. Enthalten dagegen die gegebenen Bedingungsgleichungen die Zeit nicht, so fällt in den für dx, dy, dz, dx_1, dy_1, dz_1 etc. geltenden Gleichungen das letzte Glied, welches den Differentialcoefficienten nach t als Factor hat, fort, und dann stimmen diese Gleichungen mit den für δx, δy, δz, δx_1, δy_1, δz_1 etc. geltenden überein, und für diesen Fall muss daher das System der wirklich stattfindenden Bewegungen eins der vielen Systeme von virtuellen Bewegungen sein.

Auf den zuletzt genannten Fall bezieht sich nun unser Satz von der Aequivalenz von lebendiger Kraft und mechanischer Arbeit, und ich will die Voraussetzung, von welcher wir bei seiner Entwickelung ausgehen müssen, und auf welcher daher auch seine Gültigkeit beruht, hier noch einmal aussprechen. Die Bedingungsgleichungen, welchen die Bewegungen der Puncte unterworfen sind, dürfen als Veränderliche nur die Coordinaten der Puncte enthalten; oder wie man es dem Vorigen nach auch ausdrücken kann: in den gegebenen Bedingungen darf nicht selbst schon der Grund zur Entstehung von Bewegungen liegen, d. h. es dürfen in ihnen nicht implicite Kräfte enthalten sein, welche ebenso wie die explicite gegebenen Kräfte Bewegungen hervorrufen und die vorhandenen Bewegungen beschleunigen oder verzögern können.

Unter dieser Voraussetzung muss die obige Gleichung (131), welche für jedes System von virtuellen Bewegungen gilt, auch gültig bleiben, wenn man statt der virtuellen Bewegungen die während der Zeit dt wirklich ausgeführten Bewegungen setzt, welche ja mit einem der Systeme von virtuellen Bewegungen zusammenfallen müssen. Um bestimmt anzudeuten, dass sich die Bewegungen auf die Zeit dt beziehen, wollen wir statt dx, dy, dz vollständiger schreiben:

$$\frac{dx}{dt}dt\,,\quad \frac{dy}{dt}dt\,,\quad \frac{dz}{dt}dt\,.$$

Durch Substitution dieser Grössen an die Stelle von δx, δy, δz geht (131) über in:

$$\sum\left[\left(X-m\frac{d^2x}{dt^2}\right)\frac{dx}{dt}+\left(Y-m\frac{d^2y}{dt^2}\right)\frac{dy}{dt}+\left(Z-m\frac{d^2z}{dt^2}\right)\frac{dz}{dt}\right]dt=0\,,$$

wofür wir bei etwas anderer Zusammenfassung der Glieder schreiben können:

$$\sum m\left(\frac{dx}{dt}\cdot\frac{d^2x}{dt^2}+\frac{dy}{dt}\cdot\frac{d^2y}{dt^2}+\frac{dz}{dt}\cdot\frac{d^2z}{dt^2}\right)dt=\sum\left(X\frac{dx}{dt}+Y\frac{dy}{dt}+Z\frac{dz}{dt}\right)dt\,. \tag{135}$$

Hierin können wir die linke Seite einfacher ausdrücken. Bezeichnen wir die Geschwindigkeit des ersten Punctes zur Zeit t mit v, so ist:

$$v^2=\left(\frac{dx}{dt}\right)^2+\left(\frac{dy}{dt}\right)^2+\left(\frac{dz}{dt}\right)^2$$

und daraus folgt:

$$\frac{d(v^2)}{dt}=2\left(\frac{dx}{dt}\cdot\frac{d^2x}{dt^2}+\frac{dy}{dt}\cdot\frac{d^2y}{dt^2}+\frac{dz}{dt}\cdot\frac{d^2z}{dt^2}\right),$$

und die entsprechenden Gleichungen müssen auch für die Geschwindigkeiten aller übrigen Puncte gelten. Durch Anwendung dieser Gleichungen geht (135) über in:

$$\frac{1}{2}\sum m\frac{d(v^2)}{dt}dt=\sum\left(X\frac{dx}{dt}+Y\frac{dy}{dt}+Z\frac{dz}{dt}\right)dt\,. \tag{136}$$

Der hier auf der linken Seite stehende Ausdruck lässt sich sofort integriren, und wir wollen dieses von irgend einer Anfangszeit t_0 bis zur Zeit t ausführen, wobei wir die zur Anfangszeit stattfindenden Geschwindigkeiten der Puncte mit v_0, $(v_1)_0$, $(v_2)_0$ etc. bezeichnen. Auf der rechten Seite können wir die Integration vorläufig nur andeuten. Es kommt also:

$$\frac{1}{2}\sum mv^2-\frac{1}{2}\sum mv_0^2=\int_{t_0}^{t}\sum\left(X\frac{dx}{dt}+Y\frac{dy}{dt}+Z\frac{dz}{dt}\right)dt\,. \tag{137}$$

Diese Gleichung enthält den gesuchten Satz, und es kommt nur noch darauf an die Bedeutung der auf beiden Seiten befindlichen Ausdrücke näher anzugeben. Wenn eine Masse m sich mit der Geschwindigkeit v

bewegt, so nennen wir $\frac{1}{2}mv^2$ die lebendige Kraft der Masse[1]); demnach ist $\frac{1}{2}\Sigma mv^2$ die lebendige Kraft des ganzen Systemes von Massen, und die linke Seite der Gleichung bedeutet die Zunahme der lebendigen Kraft, welche während der Zeit von t_0 bis t in dem Systeme stattgefunden hat. Was ferner die rechte Seite anbetrifft, so ergiebt sich aus dem, was in § 39 gesagt ist, dass der Ausdruck:

$$\left(X\frac{dx}{dt}+Y\frac{dy}{dt}+Z\frac{dz}{dt}\right)dt\,,$$

wenn man von unendlich kleinen Grössen höherer Ordnung absieht, die Arbeit bedeutet, welche die auf den ersten Punct wirkende Kraft während der Zeit dt thut; und dementsprechend stellt die rechte Seite der vorigen Gleichung die von allen in dem Systeme wirksamen Kräften während der Zeit von t_0 bis t gethane Arbeit dar. Folglich lässt sich die Bedeutung der Gleichung so aussprechen: die während irgend einer Zeit in dem Systeme entstehende Vermehrung der lebendigen Kraft ist gleich der während derselben Zeit von den wirksamen Kräften gethanen Arbeit.

§ 42.

Unterschied in Bezug auf die Ausführbarkeit des die Arbeit darstellenden Integrals.

Wir sind sowohl beim Gleichgewichte als auch bei der Bewegung zu Gleichungen gelangt, welche die mechanische Arbeit enthalten, und müssen nun den Ausdruck, welcher die letztere darstellt, etwas näher betrachten.

Bezeichnen wir die von t_0 bis t in dem Systeme gethane Arbeit mit T, so ist:

$$T=\int_{t_0}^{t}\Sigma\left(X\frac{dx}{dt}+Y\frac{dy}{dt}+Z\frac{dz}{dt}\right)dt\,. \tag{138}$$

Hierin sind die Kraftcomponenten X, Y und Z erstens von den Coordinaten der beweglichen Puncte abhängig, denn die auf einen Punct wirkende Kraft kann an verschiedenen Stellen des Raumes verschieden sein; ferner können sie direct von der Zeit abhängen, indem die wirksamen Kräfte mit der Zeit

---

1) Etwas abweichend von der früher üblichen Benennungsweise, nach welcher mv^2 die lebendige Kraft genannt wurde.

veränderlich sein können; ausserdem können sie von dem augenblicklichen Bewegungszustande des Systemes abhängen, wie es z. B. bei der vom Luftwiderstande herrührenden Kraft der Fall ist, welche von der Geschwindigkeit des bewegten Körpers abhängt. Da nun aber die Coordinaten der Puncte und alle mit der Bewegung zusammenhängenden Grössen, welche in den Kraftcomponenten vorkommen können, als Functionen der Zeit anzusehen sind, so kann man auch die Kraftcomponenten selbst als Functionen dieser einen Veränderlichen betrachten, und daraus folgt weiter, dass der ganze zu integrirende Ausdruck sich ebenfalls als Function der Zeit allein darstellen lassen muss. Demnach ist die in unserer Gleichung vorgeschriebene Integration immer möglich, sobald die Bewegung hinlänglich bekannt ist, um die Zurückführung des Ausdruckes auf eine Function der Zeit wirklich bewerkstelligen zu können, indem es sich dann nur noch darum handelt eine Function von Einer Veränderlichen nach dieser Veränderlichen zu integriren.

Es giebt aber auch Fälle, wo diese Zurückführung nicht nothwendig ist, sondern wo man das Integral in der Form:

$$\int \Sigma (Xdx + Ydy + Zdz)$$

schreiben, und die Coordinaten als von einander unabhängige Veränderliche betrachten kann, und die Integration doch ausführbar bleibt; und diese Fälle sind für die Physik von besonderer Wichtigkeit.

§ 43.

Ein Fall, in welchem das allgemeine Integrationsverfahren ausführbar ist.

Zu den am Schlusse des vorigen § erwähnten Fällen, wo die Integration ausführbar ist, während die Coordinaten als von einander unabhängige Veränderliche betrachtet werden, gehört zunächst der schon früher in § 5 behandelte Fall, wo die Kräfte, welche auf einen beweglichen Punct wirken, sich zerlegen lassen in anziehende und abstossende Kräfte, welche von festen Puncten des Raumes ausgehen und ihrer Stärke nach irgend welche Functionen der Entfernung sind.

Es seien p', p'_1, p'_2 etc. solche feste Puncte mit den Coordinaten x', y', z'; x'_1, y'_1, z'_1 etc. und von den beweglichen Puncten sei vorläufig nur Einer p mit den Coordinaten x, y, z zur Betrachtung ausgewählt. Die Entfernung zwischen p und p' heisse r', so dass man hat:

$$r' = \sqrt{(x'-x)^2 + (y'-y)^2 + (z'-z)^2}\,, \qquad (139)$$

und die Kraft, mit welcher p' auf p wirkt, werden durch $f(r')$ dargestellt, und sei anziehend oder abstossend, jenachdem diese Function positiv oder negativ ist. Ebenso sei der Abstand zwischen p und p'_1 mit r'_1 und die von p'_1 ausgehende Kraft mit $f_1(r'_1)$ bezeichnet u. s. f. Wenn man dann folgende neue Functionen bildet:

$$F(r') = -\int f(r')\,dr'$$

$$F_1(r'_1) = -\int f_1(r'_1)\,dr'_1\,,$$

etc.

und darauf setzt:

$$U = F(r') + F_1(r'_1) + \text{etc.} = \Sigma F(r')\,, \qquad (140)$$

so ist U die Kraftfunction für den Punct p, und man hat:

$$X = \frac{dU}{dx}\,, \qquad Y = \frac{dU}{dy}\,, \qquad Z = \frac{dU}{dz}\,.$$

In Folge dieser Gleichung kann man schreiben:

$$Xdx + Ydy + Zdz = \frac{dU}{dx}dx + \frac{dU}{dy}dy + \frac{dU}{dz}dz\,,$$

und da U eine Grösse ist, welche nur die Coordinaten x, y, z als Veränderliche enthält, so ist der hier rechts stehende Ausdruck ihr vollständiges Differential, welches kurz mit dU bezeichnet werden kann, und somit ist die geforderte Integration ohne Weiteres ausführbar, indem man erhält:

$$\int(Xdx + Ydy + Zdz) = \int dU = U + \text{Const.} \qquad (141)$$

Hat die Bewegung des Punctes p von einem gegebenen Anfangspuncte aus stattgefunden, dessen Coordinaten x_0, y_0, z_0 heissen mögen, und nennen wir den Werth, welchen die Function U an dieser Stelle hat, U_0, so gilt für die Arbeit, welche bei der Bewegung von dort aus bis zu dem Puncte x, y, z von den wirksamen Kräften gethan ist, die Gleichung:

$$T = U - U_0\,. \qquad (142)$$

Daraus folgt, dass bei dieser Art von Kräften, wenn der Anfangs- und Endpunct der Bewegung gegeben sind, die Arbeit vollständig bestimmt ist, ohne dass man den Weg, auf welchem der Punct von der einen Stelle zur anderen gelangt ist, zu kennen braucht. Ja man kann noch mehr sagen: es brauchen nur die beiden Niveauflächen, in welchen der Anfangs- und Endpunct liegen, und welche bekanntlich bestimmten Werthen der Function U entsprechen, gegeben zu sein, um die Arbeit vollständig bestimmen zu können.

Die vorstehenden Betrachtungen können wir nun leicht auf den Fall ausdehnen, wo nicht blos Ein beweglicher Punct p, sondern ein ganzes System beweglicher Puncte p, p_1, p_2 etc. gegeben ist, während die Kräfte, welche auf sie wirken, wie vorher von den festen Puncten p', p'_1, p'_2 etc. ausgehen. In diesem Falle gilt für jeden der beweglichen Puncte eine Kraftfunction der vorher besprochenen Art, und wenn man diese der Reihe nach mit U, U_1, U_2, etc. bezeichnet so kann man schreiben:

$$\begin{aligned}\Sigma(Xdx + Ydy + Zdz) &= dU + dU_1 + dU_2 + \text{etc.}\\ &= d(U + U_1 + U_2 + \text{etc.}).\end{aligned}$$

Die hier auf der rechten Seite in Klammer stehende Summe kann man auch in folgender Weise bezeichnen:

$$U + U_1 + U_2 + \text{etc.} = \Sigma F(r'), \qquad \textbf{(143)}$$

worin aber das Summenzeichen eine weitere Bedeutung hat, als in der Gleichung (140), indem es nicht blos so viele Glieder umfasst, als feste Puncte vorhanden sind, sondern soviele, als es Combinationen von je einem beweglichen mit einem festen Puncte giebt. Die obige Gleichung lautet demnach:

$$\Sigma(Xdx + Ydy + Zdz) = d\Sigma F(r'). \qquad \textbf{(144)}$$

Der zu integrirende Ausdruck ist also wieder, wie vorher, auf die Form eines vollständigen Differentials zurückgeführt, und damit ist auch für beliebig viele bewegliche Puncte die sofortige Ausführbarkeit der Integration bewiesen.

§ 44.

Ein anderer Fall, in welchem das allgemeinere Integrationsverfahren ausführbar ist.

Ein anderer Fall, welchen wir zu betrachten haben, ist der, wo die beweglichen Puncte unter einander selbst anziehende oder abstossende Kräfte ausüben, welche ihrer Stärke nach irgend welche Functionen der Entfernung sind.

Der Abstand der beiden Puncte p und p_1, deren Coordinaten x, y, z und x_1, y_1, z_1 sind, heisse r, so dass man hat:

$$r = \sqrt{(x_1 - x)^2 + (y_1 - y)^2 + (z_1 - z)^2}\,. \qquad \textbf{(145)}$$

und die Kraft, welche sie auf einander ausüben, sei durch $\varphi(r)$ bezeichnet Diese Kraft wirkt auf beide Puncte mit gleicher Stärke und in entgegengesetzter Richtung, und sie kommt daher in der Formel für die Gesammtarbeit zweimal vor, erstens am Puncte p, wo ihre Componenten sind:

$$\varphi(r)\frac{x_1 - x}{r}\;;\quad \varphi(r)\frac{y_1 - y}{r}\;;\quad \varphi(r)\frac{z_1 - z}{r}\,,$$

und zweitens am Puncte p_1, wo ihre Componenten sind:

$$\varphi(r)\frac{x - x_1}{r}\;;\quad \varphi(r)\frac{y - y_1}{r}\;;\quad \varphi(r)\frac{z - z_1}{r}\,.$$

Nun hat man in Folge von (145):

$$\frac{dr}{dx} = -\frac{x_1 - x}{r} \quad \text{und} \quad \frac{dr}{dx_1} = -\frac{x - x_1}{r}$$

und man kann daher, wenn man noch die Function $\Phi(r)$ mit der Bedeutung:

$$\Phi(r) = -\int \varphi(r)\,dr$$

einführt, schreiben:

$$\varphi(r)\frac{x_1 - x}{r} = -\varphi(r)\frac{dr}{dx} = \frac{d\Phi(r)}{dx}$$

$$\varphi(r)\frac{x - x_1}{r} = -\varphi(r)\frac{dr}{dx_1} = \frac{d\Phi(r)}{dx_1}\,.$$

Entsprechende Gleichungen gelten auch für die Componenten nach der y- und z-Richtung, und die sechs Componenten der beiden entgegengesetzten Kräfte werden daher durch folgende Differentialcoefficienten dargestellt:

$$\frac{d\Phi(r)}{dx}\;;\quad \frac{d\Phi(r)}{dy}\;;\quad \frac{d\Phi(r)}{dz}\;;$$

$$\frac{d\Phi(r)}{dx_1}\;;\quad \frac{d\Phi(r)}{dy_1}\;;\quad \frac{d\Phi(r)}{dz_1}\,.$$

Nimmt man nun aus der ganzen Summe

$$\Sigma(Xdx + Ydy + Zdz)$$

den Theil heraus, welcher sich auf diese beiden entgegengesetzten Kräfte bezieht, so lautet derselbe:

$$\frac{d\Phi(r)}{dx}dx + \frac{d\Phi(r)}{dy}dy + \frac{d\Phi(r)}{dz}dz + \frac{d\Phi(r)}{dx_1}dx_1 + \frac{d\Phi(r)}{dy_1}dy_1 + \frac{d\Phi(r)}{dz_1}dz_1\,,$$

und dieses ist, da r nur von den sechs Grössen x, y, z, x_1, y_1, z_1 abhängt, und daher auch $\Phi(r)$ als eine Function dieser sechs Grössen zu betrachten ist, ein vollständiges Differential, wofür man einfach $d\Phi(r)$ schreiben kann.

Ebenso giebt jede zwischen zwei beweglichen Puncten wirkende Kraft sechs Glieder, welche zusammen ein vollständiges Differential bilden. Man kann daher, wenn nur solche Kräfte vorkommen, welche die beweglichen Puncte unter einander ausüben, schreiben.

$$\begin{aligned}\Sigma(Xdx+Ydy+Zdz) &= d\Phi(r)+d\Phi_1(r_1)+\text{etc.} \\ &= d\,[\Phi(r)+\Phi_1(r_1)+\text{etc.}] \\ &= d\Sigma\Phi(r)\,,\end{aligned} \tag{146}$$

worin die an der rechten Seite angedeutete Summe so viele Glieder enthält, als sich aus den beweglichen Puncten Combinationen zu je zweien bilden lassen. Es ist somit auch für diesen Fall die Integrirbarkeit des fraglichen Ausdruckes nachgewiesen.

§ 45.

Zusammenfassung der beiden erwähnten Fälle.

Nimmt man nun endlich den Fall an, dass die beiden betrachteten Arten von Kräften gleichzeitig wirken, dass also die beweglichen Puncte Anziehungs- und Abstossungskräfte sowohl von festen Centren aus erleiden, als auch unter einander selbst ausüben, so braucht man nur die beiden vorher gewonnenen Resultate zu vereinigen. Man erhält dann:

$$\begin{aligned}\Sigma(Xdx+Ydy+Zdz) &= d\Sigma F(r')+d\Sigma\Phi(r) \\ &= d[\Sigma F(r')+\Sigma\Phi(r)]\,,\end{aligned} \tag{147}$$

worin sich auf der rechten Seite die erste Summe auf alle Combinationen je eines beweglichen Punctes mit einem festen Puncte, und die zweite Summe auf alle Combinationen der beweglichen Puncte unter einander zu je zweien bezieht.

Nach dieser Gleichung können wir die Arbeit, welche während irgend einer Bewegung des beweglichen Systemes von allen in ihm wirksamen Kräften gethan wird, sofort hinschreiben. Unterscheiden wir wieder alle bei der anfänglichen Lage der Puncte vorkommenden Entfernungen von den am Schlusse vorkommenden dadurch, dass wir an die betreffenden Zeichen den Index 0 setzen, so kommt:

$$T = \Sigma F(r')+\Sigma\Phi(r)-\Sigma F(r'_0)-\Sigma\Phi(r_0)\,. \tag{148}$$

Man braucht also auch in diesem complicirteren Falle zur Bestimmung der Arbeit nur die anfängliche und die schliessliche Lage der Puncte zu kennen, ohne über die Art, wie sie aus der einen Lage in die andere gekommen sind, etwas zu wissen.

§. 46.

Potential eines entweder in einzelnen Puncten concentrirten oder durch einen Raum stetig verbreiteten Agens auf ein anderes.

Wir wollen nun die vorher gemachten Anahmen in derselben Weise weiter specialisiren, wie wir es in §. 6 und 7 gethan haben, um von der allgemeinen Kraftfunction zur Potentialfunction zu gelangen. Es soll nämlich angenommen werden, dass sich in den Puncten, welche auf einander wirken, gewisse Mengen von Agentien befinden, welche die Wirkung ausüben und erleiden, und dass ferner die Kräfte dem Quadrate der Entfernung umgekehrt proportional seien.

Die in den beweglichen Puncten p, p_1, p_2 etc. befindlichen Mengen seien q, q_1, q_2 etc.[1]), und die in den festen Puncten p', p'_1, p'_2 etc. befindlichen Mengen q', q'_1, q'_2 etc. Die Kraft, welche die Mengen q und q', welche um die Strecke r' von einander entfernt sind, auf einander ausüben, wird durch

$$e\frac{qq'}{r'^2}$$

dargestellt, worin e ein Factor ist, welcher von der Natur der Agentien und von den gewählten Einheiten abhängt. Nehmen wir an, dass alle auf einander wirkenden Agentien von gleicher Natur seien, und dass zwischen ihnen nur solche Unterschiede vorkommen, die sich dadurch ausdrücken lassen, dass man die Mengen theils positiv theils negativ in Rechnung bringt, so ist jener Factor für alle vorkommenden Combinationen

1) Für die in den Puncten befindlichen Mengen der wirksamen Agentien sind andere Zeichen gewählt, als für die in denselben Puncten befindlichen materiellen Massen, welche mit m, m_1, m_2 etc. bezeichnet wurden, weil nämlich die Agentien, welche die Kräfte ausüben, von den Massen, welche dadurch in Bewegung gesetzt werden, verschieden sein können. Denkt man sich z. B. ein ponderables Molecül, welches mit Electricität geladen ist, so kann man sich vorstellen, dass durch die Kraft, welche die Electricität erleidet, nicht nur diese selbst, sondern auch das Molecül, an welchem sie haftet, in Bewegung gesetzt wird.

von zwei Mengen gleich, und wir haben ihn oben für diesen Fall zum Unterschiede mit ε bezeichnet.

Wir erhalten demnach für die Function, welche die Kraft zwischen zwei Mengen ausdrückt, die Form:

$$f(r') = \varepsilon \frac{qq'}{r'^2}$$

und daraus folgt:

$$F(r') = -\int f(r')\,dr' = \varepsilon \frac{qq'}{r'} .$$

Bilden wir nun die in den Gleichungen (143) und (144) vorkommende Summe $\Sigma F(r')$, für welche wir in diesem Falle ein besonderes Zeichen W' einführen wollen, so erhalten wir:

$$W' = \varepsilon \sum \frac{qq'}{r'} , \tag{149}$$

worin das Summenzeichen alle Combinationen je einer der Mengen q mit einer der Mengen q' umfasst, und r' der zu jeder Combination gehörige Abstand ist.

Diese Grösse W' ist das Potential des Systemes der q' auf das System der q. Da in ihr die Mengen q und q' in ganz gleicher Weise vorkommen, so kann man sie auch das Potential des Systemes der q auf das System der q', oder auch das Potential der beiden Systeme auf einander nennen.

Man kann die vorige Summe in der Weise zerlegen, dass man immer die Glieder, welche eine und dieselbe Menge des Systemes der q enthalten, zusammenfasst und daraus Partialsummen bildet, welche man dann noch addiren muss, um die Gesammtsumme zu erhalten. Diese Partialsummen lauten, wenn man jedesmal die allen Gliedern gemeinsame Menge vor das Summenzeichen setzt:

$$\varepsilon q \sum \frac{q'}{r'} \; ; \quad \varepsilon q_1 \sum \frac{q'}{r'_1} \; ; \quad \varepsilon q_2 \sum \frac{q'}{r'_2} \text{ etc.}$$

worin die verschiedene Bezeichnung der Abstände r', r'_1, r'_2 etc. andeuten soll, dass in jeder Summe die Abstände von dem Puncte aus gerechnet werden müssen, wo sich die vor dem Summenzeichen stehende Menge befindet. Nun sind aber die Grössen:

$$\varepsilon \sum \frac{q'}{r'} \; ; \quad \varepsilon \sum \frac{q'}{r'_1} \; ; \quad \varepsilon \sum \frac{q'}{r'_2} \text{ etc.},$$

die Werthe der Potentialfunction des Systemes der q' an den Puncten, wo sich die Mengen q, q_1, q_2 etc. befinden, und wir wollen diese Werthe dem Früheren entsprechend mit V', V_1', V_2' etc. bezeichnen, dann lauten jene Partialsummen:

$$qV'; \quad q_1V_1'; \quad q_2V_2' \text{ etc.}$$

und dadurch geht der Ausdruck für das Potential über in:

$$W' = \Sigma qV'. \tag{150}$$

Man kann statt dieses Ausdruckes auch den ihm analogen schreiben, welcher entsteht, wenn man die beiden Systeme unter einander vertauscht. Sei nämlich V die Potentialfunction des Systemes der q an der Stelle, wo sich eine der Mengen q' befindet, so ist:

$$W' = \Sigma q'V. \tag{150a}$$

Wenn die Agentien, welche auf einander wirken, nicht in einzelnen Puncten concentrirt sind, sondern Räume stetig ausfüllen, so muss man sie in Elemente zerlegen, und statt der Summenzeichen Integralzeichen einführen. Dadurch erhält man an Stelle der Gleichung (149):

$$W' = \varepsilon \iint \frac{dq\, dq'}{r'}, \tag{151}$$

worin sich die eine Integration über das ganze Agens q und die andere über das ganze Agens q' erstreckt. Durch Einführung der Potentialfunction des einen oder des anderen Agens erhält man:

$$W' = \int V' dq = \int V dq'. \tag{152}$$

§ 47.

Potential eines Systemes von Puncten, welche mit Agens versehen sind, oder eines durch einen Raum stetig verbreiteten Agens auf sich selbst.

Wir betrachten nun in derselben Weise die Kräfte, welche die Bestandtheile des beweglichen Systemes auf einander ausüben. Gehen wir zuerst wieder von dem Falle aus, dass einzelne Mengen q, q_1, q_2 etc. des Agens in Puncten concentrirt sind, so ist ohne Weiteres klar, dass die in (146) vorkommende Summe $\Sigma\Phi(r)$, welche wir für unseren jetzigen Fall mit W bezeichnen wollen, folgende Form annimmt:

$$W = \varepsilon \sum \frac{qq_1}{r}, \tag{153}$$

worin das Summenzeichen sich auf alle Combinationen der Mengen q zu je zweien bezieht, und r die betreffenden Abstände bedeutet. Diese

Grösse ist das Potential des mit den Mengen q, q_1, q_2 etc. versehenen Systemes von Puncten auf sich selbst.

Für den Fall, dass das Agens einen Raum stetig ausfüllt, muss man setzen:

$$W = \frac{1}{2}\,\varepsilon \int\!\!\int \frac{dq\,dq_1}{r}\,, \tag{154}$$

worin die Integration zweimal über dasselbe Agens auszuführen ist. Bedeutet V die Potentialfunction des betrachteten Agens an der Stelle, wo sich eins seiner eigenen Elemente dq befindet, so geht der vorige Ausdruck über in:

$$W = \frac{1}{2}\int V dq\,. \tag{155}$$

Der Factor $\frac{1}{2}$, welcher in diesen Ausdrücken enthalten ist, obwohl er sich in den entsprechenden Ausdrücken (151) und (152) nicht findet, musste in diesem Falle desshalb hinzugefügt werden, weil in den Integralen jedes Product aus zwei Elementen dq_m und dq_n doppelt vorkommt, einmal in der Anordnung $dq_m\,dq_n$ und das andere Mal in der Anordnung $dq_n\,dq_m$, während es in dem Potentiale nur einmal vorkommen darf.

Ausser diesem Umstande ist bei den Formeln für W noch ein anderer Umstand zur Sprache zu bringen. Unter den unendlich vielen Combinationen von je zwei Elementen, welche jene Integrale in sich begreifen, kommen auch solche vor, welche nicht zwei verschiedene Elemente, sondern zweimal dasselbe Element enthalten. Der einer solchen Combination entsprechende Theil des Gesammtintegrales ist aber nicht in dem Sinne aufzufassen, dass man in dem Ausdrucke $\frac{dq\,dq}{r}$ den Nenner r absolut gleich Null zu setzen hat, sondern man kann sich das Element dq wieder in unendlich viele Theile zerlegt denken, deren jeder ein unendlich Kleines von höherer Ordnung ist, und kann nun durch entsprechende Combination dieser Theile unter einander ebenso das Potential der unendlich kleinen Menge dq auf sich selbst bilden, wie in dem Ausdrucke (154) das Potential einer endlichen Menge auf sich selbst gebildet ist. In diesem Potentiale des Elementes dq auf sich selbst kommen dann wieder Glieder vor, in denen je einer der in höherer Ordnung unendlich kleinen Theile mit sich selbst combinirt ist. Mit einem solchen Gliede kann man dann wieder ebenso verfahren, wie vorher mit dem Gliede $\frac{dq\,dq}{r}$, und kann so beliebig weiter fortfahren.

Es fragt sich nun, ob dieser Umstand, dass in dem Integrale auch die Potentiale der einzelnen Elemente auf sich selbst enthalten sind, wegen des darin vorkommenden unendlich kleinen Nenners der bestimmten Ausführung der Integration hinderlich ist, und, wenn dieses nicht der Fall sein sollte, ob diese Potentiale der einzelnen Elemente auf sich selbst einen solchen Einfluss auf den Werth des Gesammtpotentials haben, dass sie bei der Ausführung der Integration irgendwie besonders berücksichtigt werden müssen.

Beide Fragen lassen sich am leichtesten beantworten, wenn wir die in (155) gegebene zweite Formel von W betrachten, weil wir die darin vorkommende Function V schon oben vollständig behandelt haben, und daher die Transformationen, welche bei der in (154) gegebenen ersten Formel nöthig wären, nicht mehr auszuführen brauchen. Dabei versteht es sich dann von selbst, dass, was für die zweite Formel gilt, auch für die erste gelten muss, da jene in vereinfachter Form ganz dasselbe ausdrückt wie diese.

Wir wissen aus dem Früheren, dass die Potentialfunction auch im Innern des von dem Agens stetig erfüllten Raumes überall einen endlichen Werth behält, und demnach muss auch das Integral $\int V dq$ einen vollständig bestimmten endlichen Werth haben, wodurch die erste Frage entschieden ist. Was ferner die zweite Frage anbetrifft, so haben wir in Gleichung (25) S. 19 die Potentialfunction in folgender Form dargestellt:

$$V = \varepsilon \iint kr\, dr\, d\sigma\ ,$$

worin $d\sigma$ das Element des körperlichen Winkels ist. In dieser Form ist der Abstand r nicht nur aus dem Nenner verschwunden, sondern er kommt sogar als Factor vor. Daraus folgt, dass, wenn man sich um den Punct, auf welchen sich die Potentialfunction bezieht, und welcher in dieser Formel zugleich der Mittelpunct der Polarcoordinaten ist, einen unendlich kleinen Raum abgegrenzt denkt, es auf den Werth von V nur einen unendlich kleinen Einfluss haben kann, ob man bei seiner Berechnung die in diesen kleinen Raume enthaltene Menge des Agens berücksichtigt oder nicht. Demnach können wir auch bei dem Integral $\int V dq$ sagen, es macht nur einen unendlich kleinen Unterschied, ob bei der Bestimmung von V die kleine Menge dq mitgerechnet oder fortgelassen ist, und wenn man annimmt, dass das letztere geschehen sei, d. h. dass in den verschiedenen Gliedern Vdq, V_1dq_1 .... V_ndq_n, welche in dem Integrale vorkommen die Werthe von V, V_1 ...... V_n immer so bestimmt seien, dass dasjenige Element, mit welchem die Potentialfunction multiplicirt ist in ihr selbst nicht vorkommt, so fallen dadurch aus dem Integrale die Combinationen, welche zweimal dasselbe Element enthalten, fort. Da somit der Unterschied, welcher in dem Gesammtintegrale dadurch entsteht, dass man die Potentiale der einzelnen Elemente auf sich selbst entweder miteinbegreift, oder fortlässt, nur ein unendlich kleiner ist, so folgt daraus, dass es durchaus nicht erforderlich ist, diese Potentiale in irgend einer Weise speciell in Betracht zu ziehen.

Ganz anders verhält es sich in dem zu Anfang dieses § betrachteten Falle, wo wir uns endliche Mengen des Agens in einzelnen Puncten concentrirt dachten. In diesem Falle würde es einen wesentlichen Unterschied machen, wenn man das betreffende Potential so verstehen wollte, dass darin nicht nur die Potentiale der verschiedenen Mengen auf einander, sondern auch die Potentiale der einzelnen, in Puncten concentrirten Mengen auf sich selbst enthalten sein müssten. Bei der letzteren Auffassung würde man zu einem Potentiale von unendlicher Grösse gelangen, und man muss daher, wenn man einen endlichen Werth behalten will, die Potentiale der einzelnen Mengen auf sich selbst fortlassen. Daraus folgt dann aber, dass die erhaltene Grösse, welche oben »das Potential des mit den Mengen q, q_1, q_2 etc. versehenen Systemes von Puncten auf sich selbst« genannt wurde, nicht als gleichbedeutend mit dem Potentiale des gesammteu in den Puncten befindlichen Agens auf sich selbst zu betrachten ist.

Uebrigens ist der Fall, wo endliche Mengen eines Agens in mathematischen Puncten concentrirt sind, nur ein fingirter, der in der Wirklichkeit nicht vorkommen kann. Es kommt daher bei Betrachtung wirklich vorkommender Fälle die zuletzt erwähnte Unterscheidung gar nicht zur Sprache.

§ 48.

Anwendung der Potentiale zur Bestimmung der Arbeit.

Mit Hülfe der in den vorigen §§ definirten Potentiale lassen sich nun die Arbeitsgrössen auf folgende Weise darstellen.

Wenn ein Agens, dessen Theile beweglich sind, seien diese Theile nun in einzelnen Puncten concentrirt, oder durch einen Raum stetig verbreitet, sich unter dem Einflusse eines festen Agens bewegt, so wird die Arbeit, welche dabei von den Kräften des letzteren gethan wird, dargestellt durch die Zunahme des Potentials des festen Agens auf das bewegliche. Bezeichnen wir also dieses Potential, wie oben, mit W', und seinen Anfangswerth mit W'_0, so ist die Arbeit:

$$W' - W'_0 .$$

Ebenso wird die Arbeit derjenigen Kräfte, welche die Theile des beweglichen Agens auf einander ausüben, dargestellt durch eie Zunahme des Potentials des beweglichen Agens auf sich selbst, welches oben mit W bezeichnet wurde, und der Ausdruck für diese Arbeit ist daher:

$$W - W_0 .$$

Wenn man endlich beide Arten von Kräften berücksichtigen will, so muss man auch beide Potentiale anwenden, und erhält als Ausdruck der Arbeit:

$$W + W' - (W + W')_0 .$$

In diesem Falle kann man die Sache aber auch noch anders ausdrücken. Denkt man sich nämlich noch das Potential des festen Agens auf sich selbst gebildet, welches W'' heissen möge, so ist die Summe $W + W' + W''$ das Potential des gesammten Agens, des festen und beweglichen zusammen, auf sich selbst. Bei der Bewegung des beweglichen Agens bleibt nun das Potential W'' des festen Agens auf sich selbst unverändert, und der Ausdruck für die Arbeit ändert daher seinen Werth nicht, wenn man dieses Potential darin mit aufnimmt, und schreibt:

$$W + W' + W'' - (W + W' + W'')_0 .$$

Wenn man also das feste und bewegliche Agens zusammen als ein Ganzes betrachtet, und dessen Potential auf sich selbst bildet, so stellt die Zunahme dieses Potentials die Arbeit aller wirksamen Kräfte dar.

§ 49.

Veränderter Ausdruck der Gleichgewichtsbedingung.

Schliesslich müssen noch über die Rolle, welche das Potential bei Untersuchungen über das Gleichgewicht spielt, einige Worte hinzu gefügt werden.

Es ist im Obigen gesagt, dass es zum Gleichgewichte nothwendig und hinreichend sei, dass bei jedem Systeme von virtuellen Bewegungen die von den wirksamen Kräften gethane Gesammtarbeit ein unendlich Kleines von höherer Ordnung oder negativ ist. Wenn nun die wirksamen Kräfte der Art sind, dass ihre Arbeit durch die Zunahme eines Potentials dargestellt wird, wobei eine Abnahme des Potentials als negative Zunahme zu rechnen ist, so lautet jene Bedingung: für jedes System von virtuellen Bewegungen muss die Veränderung des Potentials entweder ein unendlich Kleines von höherer Ordnung oder negativ sein.

Auch hier entsteht daraus, dass die Veränderungen, welche unendlich klein von höherer Ordnung sind, sowohl positiv als negativ sein, d. h. in Zunahme oder Abnahme des Potentials bestehen können, der Unterschied des stabilen und labilen Gleichgewichts. Wenn für alle Systeme von virtuellen Bewegungen nur negative Veränderungen des Potentials möglich sind, so ist der Werth des Potentials ein Maximum; wenn nur positive Aenderungen vorkommen, so ist er ein Minimum; wenn endlich bei einigen Systemen von virtuellen Bewegungen die Veränderungen negativ und bei anderen positiv sind, so ist der Werth des Potentials weder allgemein ein Maximum noch allgemein ein Minimum. Daran schliesst sich nun der beim Gleichgewichte vorkommende Unterschied in folgender Weise an. Der Fall, wo das Potential ein Maximum ist, entspricht dem stabilen, und der Fall, wo das Potential ein Minimum ist, dem labilen Gleichgewichte, während in solchen Fällen wo das Potential weder allgemein ein Maximum noch allgemein ein Minimum ist, auch das Gleichgewicht weder vollständig stabil noch vollständig labil ist.

Zusatz I.

Beweis der in § 19 vorkommenden Gleichung (54).

Es handelt sich darum, bei einem homogenen Körper von der Kraft, welche er auf irgend einen Punct p ausübt, die in eine gegebene Richtung fallende Componente zu bestimmen. Die Gleichung (54) bezieht sich speciell auf die in die x-Richtung fallende Componente X; wir wollen aber hier der grösseren Allgemeinheit wegen statt der durch den Punct p parallel mit der x-Axe gezogenen Geraden eine beliebige durch p gehende Gerade l betrachten, und die in diese Gerade fallende Kraftcomponente mit L bezeichnen. Dann lautet die zu beweisende Gleichung:

$$L = -\varepsilon k \int \frac{\cos \nu}{R} d\omega . \qquad \textbf{(a)}$$

Hierin bedeutet $d\omega$ ein Element der Oberfläche des Körpers, R ist die Länge des von p aus nach $d\omega$ gezogenen Leitstrahles, und ν endlich ist der Winkel, welchen die auf dem Oberflächenelemente $d\omega$ nach aussen hin errichtete Normale mit der Richtung unserer Geraden l bildet. Das Integral ist über die ganze Oberfläche zu nehmen.

Um diese Gleichung zu beweisen, gehen wir von der in §. 19 unter (52) gegebenen Gleichung aus, welche wir hier, wo es sich nicht um die in die x-Richtung, sondern um die in die l-Richtung fallende Kraftcomponente handelt, folgendermaassen schreiben können:

$$L = \varepsilon k \int \left(\pm R_1 \mp R_2 \pm \text{etc.} \right) \cos \vartheta \, d\sigma . \qquad \textbf{(b)}$$

Hierin bedeutet $d\sigma$ ein mit seiner Spitze im Puncte p liegendes Element des körperlichen Winkels, ϑ ist derjenige Winkel, welchen ein in diesem unendlich kleinen körperlichen Winkel gezogener Leitstrahl mit unserer Geraden l bildet, und R_1, R_2 etc. sind die Längen dieses Leitstrahles an den Stellen, wo er die Oberfläche des Körpers durchschneidet. Von den beiden Vorzeichen, welche vor jedem R stehen, ist das obere zu nehmen, wenn der Leitstrahl, indem er wächst, die Oberfläche von innen nach aussen durchschneidet, und das untere, wenn er die Oberfläche von aussen nach innen durchschneidet. Das Integral ist, wenn p innerhalb des Körpers liegt, über den ganzen körperlichen Winkelraum 4π zu nehmen, und wenn p ausserhalb des Körpers liegt, über den Theil des körperlichen Winkelraumes, innerhalb dessen die von p ausgehenden Leitstrahlen die Oberfläche des Körpers treffen.

Wir führen nun, um das Element $d\sigma$ auszudrücken, Polarcoordinaten um den Punct p ein, indem wir die durch p gehende Gerade l als Axe nehmen, und dann unter ϑ, wie vorher, den Winkel des Leitstrahles mit der Axe verstehen, und mit φ den Winkel bezeichnen, welchen die durch die Axe und den Leitstrahl gelegte Ebene mit einer anderen durch die Axe gehenden festen Ebene bildet. Dadurch geht die Gleichung (b) über in:

$$L = \varepsilon k \iint \left(\pm R_1 \mp R_2 \pm \text{etc.} \right) \cos\vartheta \sin\vartheta \, d\vartheta \, d\varphi \,. \qquad \text{(c)}$$

Hierin wollen wir unsere Aufmerksamkeit zunächst nur auf das Integral nach ϑ richten, welches wir der Kürze wegen durch einen einfachen Buchstaben bezeichnen wollen, indem wir setzen:

$$J = \int \left(\pm R_1 \mp R_2 \pm \text{etc.} \right) \cos\vartheta \sin\vartheta \, d\vartheta \,. \qquad \text{(d)}$$

Dieses Integral bezieht sich auf die Curve, in welcher eine von der Axe aus nach der durch den Winkel φ bestimmten Richtung gehende Ebene die Oberfläche des Körpers schneidet, und es ist für unseren Zweck vortheilhaft, das Bogenelement ds dieser Curve statt des Winkelelementes $d\vartheta$ anzuwenden. Wenn an der Stelle, von wo aus wir die Länge s des Bogens rechnen wollen, der Leitstrahl die Oberfläche in der Richtung von innen nach aussen durchschneidet, so nehmen wir s nach der Seite hin als wachsend an, wohin ϑ wächst, im anderen Falle umgekehrt, so dass $\frac{d\vartheta}{ds}$ im ersteren Falle positiv, im letzteren negativ ist. Wenn dann die Curve in ihrem weiteren Verlaufe sich so biegt, dass die Durchschnittsrichtung des Leitstrahles sich umkehrt, so macht es sich von selbst, dass an derselben Stelle auch $\frac{d\vartheta}{ds}$ sein Vorzeichen ändert. Demnach hat $\frac{d\vartheta}{ds}$ immer dasselbe Vorzeichen, mit welchem der zu diesem Bogenelemente gehörige Leitstrahl R in der vorigen Gleichung zu nehmen ist, und man kann daher statt $\pm R d\vartheta$ schreiben $R \frac{d\vartheta}{ds} ds$. Da ferner zu jedem Elementarwinkel $d\vartheta$

gerade so viele Bogenelemente ds gehören, als die vorige Gleichung verschiedene Werthe von R enthält, so geht die Gleichung über in:

$$J = \int R \cos\vartheta \sin\vartheta \frac{d\vartheta}{ds} ds \,, \qquad \text{(e)}$$

worin R und ϑ, da der Winkel φ bei der Integration constant ist, als Functionen von s zu betrachten sind.

Wir wollen nun den zu integrirenden Ausdruck in zwei Factoren zerlegen, welche in der folgenden Gleichung durch einen Punct von einander getrennt sind:

$$J = \int R \sin\vartheta \,.\, \cos\vartheta \frac{d\vartheta}{ds} ds \,,$$

und auf dieses Product wollen wir die Methode der theilweisen Integration anwenden. Da das Integral von $\cos\vartheta \frac{d\vartheta}{ds} ds$ einfach $\sin\vartheta$ ist, so erhalten wir, wenn wir die Grenzwerthe von R und ϑ mit R', ϑ' und R'', ϑ'' bezeichnen:

$$J = R'' \sin^2\vartheta'' - R' \sin^2\vartheta' - \int \sin\vartheta \frac{d\,(R \sin\vartheta)}{ds} ds \,. \qquad \text{(f)}$$

Die beiden ersten Glieder dieses Ausdruckes sind entweder gleich Null, oder, wenn sie angebbare Werthe haben, so heben sie sich gegenseitig auf. Da nämlich unsere Integration von der geschlossenen Durchschnittscurve, welche die Ebene mit der Körperoberfläche bildet, nur den Theil umfassen soll, welcher an der einen Seite der Axe liegt (denn die nach der entgegengesetzten Seite der Axe gehende andere Hälfte derselben Ebene entspricht einem anderen Werthe von φ, der um 180^0 von dem hier angenommenen verschieden ist), so sind in Bezug auf die Grenzen der Integration zwei Fälle möglich. 1) Wenn von der Curve nur ein Stück an der einen Seite der Axe liegt, so liegen die beiden Endpuncte dieses Stückes in der Axe selbst, und die Grenzwerthe ϑ' und ϑ'' des Winkels ϑ sind daher entweder 0 oder π, woraus folgt dass $\sin\vartheta'$ und $\sin\vartheta''$, und mit ihnen jene beiden Glieder einzeln gleich Null werden. 2) Wenn die ganze geschlossene Curve an der einen Seite der Axe liegt, so fällt ihr Endpunct mit dem Anfangspuncte zusammen. Die beiden Grenzwerthe sowohl von R als auch von ϑ sind also unter einander gleich, und jene beiden Glieder heben sich gegenseitig auf. Es kann auch vorkommen, dass die beiden erwähnten Fälle zugleich stattfinden oder einer von ihnen sich mehrmals wiederholt, da die Durchschnittscurve einer Ebene mit der Körperoberfläche aus mehreren in sich geschlossenen Theilen bestehen kann; aber dadurch wird an dem

Resultate, dass die beiden ersten Glieder des vorigen Ausdruckes fortfallen, nichts geändert. Es bleibt also nur das letzte Glied zu betrachten, und wenn wir dieses noch dadurch abändern, dass wir unter dem Integralzeichen mit R multipliciren und dividiren, so kommt:

$$J = -\int \frac{R \sin\vartheta \frac{d(R\sin\vartheta)}{ds}\, ds}{R} . \qquad (g)$$

Dieser Ausdruck muss nun noch, um den vollständigen Ausdruck von L zu erhalten, gemäss der Gleichung (c), mit $d\varphi$ multiplicirt und mit dem zweiten Integralzeichen und dem Factor εk versehen werden. Es kommt also:

$$L = -\varepsilon k \int\int \frac{R \sin\vartheta \frac{d(R\sin\vartheta)}{ds}\, ds\, d\varphi}{R} . \qquad (h)$$

Der Zähler des Bruches, welcher hier unter dem Integralzeichen steht, hat eine einfache geometrische Bedeutung. Das Product $R \sin\vartheta$ ist die Projection des Leitstrahles R auf eine auf der Axe senkrechte Ebene, und demnach ist, wie man leicht sieht, der ganze Zähler seinem absoluten Werthe nach die auf dieselbe Ebene bezogene Projection desjenigen Elementes der Oberfläche, welches den Elementen ds und $d\varphi$ entspricht, welche Projection, abgesehen vom Vorzeichen, durch $\cos\nu . d\omega$ dargestellt wird, wenn, wie früher, $d\omega$ das Oberflächenelement, und ν den Winkel zwischen der darauf errichteten Normale und der Axe bedeutet. Was die Vorzeichen anbetrifft, so kann man sich durch eine nähere Betrachtung des Gegenstandes leicht davon überzeugen, dass in Folge dessen, was über den Sinn, in welchem s als wachsend angenommen wird, gesagt ist, die Grösse $\frac{d(R\sin\vartheta)}{ds}$, welche allein in jenem Zähler ihr Vorzeichen ändern kann, immer dasselbe Vorzeichen hat, wie $\cos\nu$, wobei ich daran erinnern will, das die Normale, auf welche sich der Winkel ν bezieht, immer in der Richtung vom Körper nach aussen hin betrachtet wird. Man kann also schreiben:

$$R \sin\vartheta \frac{d(R\sin\vartheta)}{ds}\, ds\, d\varphi = \cos\nu . d\omega ,$$

und dadurch geht die vorige Gleichung über in die oben unter (a) angeführte, zu beweisende Gleichung:

$$L = -\varepsilon k \int \frac{\cos\nu}{R}\, d\omega .$$

Zusatz II.

Beweis des in § 27 S. 62 angeführten Satzes.

Es sei in einer Ebene eine geschlossene Curve gegeben. Die Ebene möge als xy-Ebene eines rechtwinkligen Raumcoordinaten-Systemes genommen werden. Es sei ferner ein beliebiger Punct p im Raum mit den Coordinaten x, y, z gegeben, und von diesem ein Perpendikel auf die Ebene gefällt. Betrachten wir nun irgend einen Punct der Curve, dessen Coordinaten ξ' und η' heissen mögen, so soll sein Abstand vom Puncte p mit R, und der in der Ebene vom Fusspuncte des Perpendikels aus nach ihm gezogene Leitstrahl mit U bezeichnet werden. Errichtet man an diesem Puncte auf der Curve eine in der Ebene liegende, nach auswärts gehende Normale, so soll der Cosinus des Winkels, welchen diese Normale mit der x-Axe bildet, mit α', und der Cosinus des Winkels, welchen sie mit der Verlängerung des Leitstrahles U bildet, mit i' bezeichnet werden. Nennt man dann noch ein an dem betreffenden Puncte genommenes Bogenelement der Curve ds, so soll bewiesen werden, dass folgende Gleichung stattfindet:

$$\int\left[\frac{(R^2+z^2)(\xi'-x)}{RU^3}\,i'-\frac{z^2}{RU^2}\,\alpha'\right]ds=0\ , \tag{a}$$

worin das Integral über die ganze geschlossene Curve zu nehmen ist.

Setzen wir zur Abkürzung:

$$\left.\begin{aligned} P &= \frac{(R^2+z^2)(\xi'-x)}{RU^3}\,i' \\ Q &= \frac{z^2}{RU^2}\,\alpha'\ , \end{aligned}\right\} \tag{b}$$

so lautet die zu beweisende Gleichung:

$$\int(P-Q)\,ds=0\ . \tag{c}$$

Es möge nun der Winkel, welchen der Leitstrahl U mit der x-Axe bildet, mit φ, und das dem Bogenelemente ds entsprechende Element dieses Winkels mit $d\varphi$ bezeichnet werden; dann ist, wie man leicht sieht, und wie es auch schon in der Gleichung (88) § 26 ausgedrückt wurde:

$$i'ds=\pm\,Ud\varphi\ .$$

Hierin ist, wenn ds und $d\varphi$ beide als positiv betrachtet werden, das obere oder untere Vorzeichen anzuwenden, jenachdem i' positiv oder negativ ist, d. h. jenachdem der Leitstrahl U, indem er wächst, den Umfang in der Richtung von innen nach aussen oder von aussen nach innen durchschneidet. Nimmt man aber an, dass, während man von irgend einem Anfangspuncte aus in einem gewissen Sinne in der Curve herumgeht, der Bogen s immer wachsen soll, und betrachtet dabei zugleich den Winkel φ als Function von s, so kann der Differentialcoefficient $\frac{d\varphi}{ds}$ sowohl positiv, als negativ sein, und zwar ändert er an denselben Stellen der Curve sein Vorzeichen, wo der mit i' bezeichnete Cosinus sein Vorzeichen ändert. Lässt man also s in dem Sinne wachsen, dass der Differentialcoefficient $\frac{d\varphi}{ds}$ an irgend einer Stelle der Curve gleiches Vorzeichen mit i' hat, so haben diese beiden Grössen auch überall gleiche Vorzeichen, und man kann daher in der vorigen Gleichung von den beiden äusserlich hinzugefügten Vorzeichen ein für alle Mal das obere anwenden, und somit folgende Gleichung bilden:

$$i' = U\frac{d\varphi}{ds}. \tag{d}$$

Ferner ist $\alpha' ds$, abgesehen von Vorzeichen, die Veränderung, welche die Coordinate η' eines in der Curve beweglichen Punctes erleidet, während dieser das Bogenelement ds durchläuft. Da nun die Gleichung

$$\eta' - y = U \sin\varphi$$

gilt, worin y dem Obigen nach eine durch die Lage des Punctes p im Voraus gegebene Grösse ist, so hat man:

$$d\eta' = d(U \sin\varphi)$$

und demnach kann man schreiben:

$$\alpha' ds = \pm\, d(U \sin\varphi).$$

Was das Vorzeichen anbetrifft, so überzeugt man sich leicht durch einfache geometrische Betrachtungen, dass auch in dieser Gleichung, wenn man den Bogen s in dem vorher festgesetzten Sinne als wachsend annimmt, überall das obere Vorzeichen anzuwenden ist, und man kann daher folgende Gleichung bilden:

$$\alpha' = \frac{d\,(U \sin\varphi)}{ds}. \tag{e}$$

Setzen wir die in (d) und (e) gegebenen Werthe von i' und α' in die Gleichungen (b) ein, und schreiben zugleich für die Differenz $\xi' - x$ ihren Werth $U \cos\varphi$, so erhalten wir:

$$P = \frac{R^2+z^2}{RU} \cos\varphi \frac{d\varphi}{ds}$$

$$Q = \frac{z^2}{RU^2} \cdot \frac{d(U \sin\varphi)}{ds}$$

$$= \frac{z^2}{RU^2} \sin\varphi \frac{dU}{ds} + \frac{z^2}{RU} \cos\varphi \frac{d\varphi}{ds},$$

und demnach:

$$P - Q = \frac{R}{U} \cos\varphi \frac{d\varphi}{ds} - \frac{z^2}{RU^2} \sin\varphi \frac{dU}{ds}. \tag{f}$$

Hierin lassen sich die beiden Glieder an der rechten Seite in der Weise umgestalten, dass sie in einen Differentialcoefficienten zusammengezogen werden können. Bedenkt man, dass

$$R = \sqrt{U^2 + z^2},$$

worin z von s unabhängig ist, und daher

$$\frac{dR}{ds} = \frac{U}{R} \cdot \frac{dU}{ds},$$

so erhält man:

$$\frac{d\left(\frac{R}{U}\right)}{ds} = \frac{1}{R} \cdot \frac{dU}{ds} - \frac{R}{U^2} \cdot \frac{dU}{ds}$$

$$= \frac{U^2 - R^2}{RU^2} \cdot \frac{dU}{ds}$$

$$= - \frac{z^2}{RU^2} \cdot \frac{dU}{ds}.$$

Wendet man diese Gleichung auf das zweite an der rechten Seite stehende Glied der Gleichung (f) an, und setzt zugleich im ersten Gliede:

$$\cos\varphi \frac{d\varphi}{ds} = \frac{d \sin\varphi}{ds},$$

so kommt:

$$P - Q = \frac{R}{U} \cdot \frac{d \sin\varphi}{ds} + \sin\varphi \frac{d\left(\frac{R}{U}\right)}{ds},$$

oder zusammengezogen:

$$P - Q = \frac{d\left(\frac{R}{U} \sin\varphi\right)}{ds}. \tag{g}$$

Demnach nimmt das in den Gleichungen (c) und (a) enthaltene Integral folgende einfache Gestalt an:

$$\int \frac{d\left(\frac{R}{U} \sin\varphi\right)}{ds} ds.$$

Hierin lässt sich die Integration ohne Weiteres ausführen, und giebt, wenn wir die Grenzwerthe des Integrales durch die Indices 0 und 1 andeuten:

$$\left(\frac{R}{U}\sin\varphi\right)_1 - \left(\frac{R}{U}\sin\varphi\right)_0 .$$

Für eine geschlossene Curve, bei welcher der Anfang und das Ende des Bogens in einen und denselben Punct zusammenfallen, sind beide Grenzwerthe gleich und heben sich auf, und die zu beweisende Gleichung (a) ist somit erfüllt.

Druck von Breitkopf und Härtel in Leipzig.

Berichtigungen.

Seite 16, Zeile 17 von oben. Das hinter Potentialniveaux stehende Komma ist zu streichen.

» 42 » 9 » unten. Die an dem Integralzeichen als untere Grenze stehende 0 ist zu streichen.

» 55 » 5 » oben. Statt: $\frac{d\xi}{d\eta}$ lies: $\frac{d\zeta}{d\eta}$.

» 64 » 5 » unten. Statt: $z)^2$ lies: z^2.

» 65 » 16 » unten. Statt: diesen lies: diesem.

» 95 » 3 » unten. Statt: $\frac{dF}{dy_1} dy_1 + \frac{dF}{dz_1} dz_1$ lies: $\frac{dF}{dy_1} \delta y_1 + \frac{dF}{dz_1} \delta z_1$.

Made in the USA
Monee, IL
04 November 2026

67384995R00075